让细节给你加分

孙郡锴 编著

中国华侨出版社
·北京·

图书在版编目 (CIP) 数据

让细节给你加分 / 孙郡锴编著 . — 北京 : 中国华
侨出版社 , 2008.02（2024.2 重印）
ISBN 978–7–80222–556–5

Ⅰ . ①让… Ⅱ . ①孙… Ⅲ . ①成功心理学—通俗读物
Ⅳ . ① B848.4–49

中国版本图书馆 CIP 数据核字（2008）第 018405 号

让细节给你加分

编　　著：孙郡锴
责任编辑：黄振华
封面设计：朱晓艳
经　　销：新华书店
开　　本：710 mm × 1000 mm　1/16 开　　印张：14　　字数：185 千字
印　　刷：三河市富华印刷包装有限公司
版　　次：2008 年 2 月第 1 版
印　　次：2024 年 2 月第 2 次印刷
书　　号：ISBN 978–7–80222–556–5
定　　价：49.80 元

中国华侨出版社　北京市朝阳区西坝河东里 77 号楼底商 5 号　邮编：100028
发 行 部：（010）64443051　　　　传　真：（010）64439708
网　　址：www.oveaschin.com　　E－mail：oveaschin@sina.com

如果发现印装质量问题，影响阅读，请与印刷厂联系调换。

前 言
Preface

　　市场经济催生了经济奇迹，催生了一个个财富和成功的传奇，也催生了前所未有的浮躁心态：求大、求强、求高。但凡事往往从小事上起步，细节处发端。关注细节，利用细节，细节就能成全你。

　　围绕着如何做到让细节成全你，本书在三个方面进行了探讨。

　　一是从细节处入手，争取做最好的自己。

　　要想以正面的形象示人，始终使自己保持良好的生存状态，就要在各个方面不断提升自己。"做最好的自己"是时下颇受年轻人青睐的口号，但要达到这一目标绝非易事，而细节上的进步显然是可以给你加分的途径。从细节处着手，你就会变得越来越优秀。

　　二是从细节处把关，为拓展人际交往铺平道路。

　　有人说，我把自己管好就行，交际那一套我不在乎。这种想法、做法会让你吃尽苦头，因为在现代社会中你不可能孤立于社会关系之外而独自生存，从某种意义上说，你与他人的关系决定了你的社会地位。当然，重视人际关系也要有的放矢，我们提倡的关注细节可以强化你的人际交往能力。

　　三是要学会以细节作为提升人生高度的垫脚石。

　　俗话说，人往高处走，水往低处流。谁都希望自己人生之路走得高些，再高些，但如果方法不得当，你的努力也只能付之东流。沉下心来用细节做垫脚石吧，因为再高的高度都需要一级级攀登，再大的目标也需要一步步实现。

　　忽视细节，是生活中很多人都会犯的错误，他们不知道细节往往是一个人一生成败的关键，忽视小节会让人失去大机会，忽视小节会让人平庸一辈子。因此欲成大事者要拘于小节，小节是人一生中最基本的内容。聚集细节，必能升华你的人生。

　　一位作家说："生活的细节越分越密，密不可分时，就糊成一片了，按科学术语说，出现了混沌。人在混沌中，也好过粗枝大叶。忽略细节的人是古装戏里的'洒狗血'——内心什么也没有，却装着有感情的样，大喊大叫，拼命表演。"

　　细节小事存在于我们生活的方方面面，只要关注小事，慎重对待小事，你的生活会有意义得多。

目 录

Contents

从细节处入手，做最好的自己

　　要想以正面的形象示人，始终使自己保持良好的生存状态，就要在各个方面不断提升自己。"做最好的自己"是时下颇受年轻人青睐的口号，但要达到这一目标绝非易事，而细节上的进步显然是可以给你加分的途径。从细节处着手，你就会变得越来越优秀。

第一章　以细节打造有格调的形象

把住细节关，铺平交际路

错误的方式不利于孩子良好习惯的养成

　　有人说，我把自己管好就行，交际那一套我不在乎。这种想法、做法会让你吃尽苦头，因为在现代社会中你不可能孤立于社会关系之外而独自生存，从某种意义上说，你与他人的关系决定了你的社会地位。当然，重视人际关系也要有的放矢，我们提倡的关注细节可以强化你的人际交往能力。

第四章　让细节给你带来好人缘

第七章　细节提高你的沟通能力

用细节垫脚，人生才能攀高

俗话说，人往高处走，水往低处流。谁都希望自己人生之路走得高些，再高些，但如果方法不得当，你的努力也只能付之东流。沉下心来用细节做垫脚石吧，因为再高的高度都需要一级级攀登，再大的目标也需要一步步实现。

第八章　让细节成全你的工作

第九章　让细节成全你的大好前途

第十章　让细节给你带来财运

上篇

PART 1

从细节处入手，

做最好的自己

要想以正面的形象示人，始终使自己保持良好的生存状态，就要在各个方面不断提升自己。"做最好的自己"是时下颇受年轻人青睐的口号，但要达到这一目标绝非易事，而细节上的进步显然是可以给你加分的途径。从细节处着手，你就会变得越来越优秀。

第一章

以细节打造有格调的形象

1. 做个"有头有脸"的人

一个人给人的第一印象首先在于他的头和脸：面部干净、发型适宜。所以面子工程是每一个人应该做的，却又因其琐细而常被忽略的事情。

所谓的面子工程也就是对仪容的修饰。无论男女，仪容都是一个不可忽视的细节，修饰仪容不仅是为了展现美感，同时也是对别人的一种尊重。

（1）做好面子工程

人的面部肌肤可以分为中性、油性、干性、混合性和过敏性等五种类型。中性皮肤表面光滑润泽，是较理想的皮肤；油性皮肤表面油亮，毛孔粗大，易生粉刺；干性皮肤皮脂分泌少，毛孔细小，皮肤缺少弹性，易生皱纹；混合性皮肤者的额、鼻、下巴等部位为油性皮肤，其他部分为干性皮肤；过敏性皮肤对某种物质较为敏感，一经接触就会出现红肿、斑疹、痒痛等症状。了解了自己的皮肤类型后，我们妆扮起来会更加得心应手。

面部修饰需要对面部进行必要的化妆，尤其女人更应如此。下面我们针对女性的化妆，谈谈化妆的一般技巧与化妆的步骤。

第一步：清洁面部。对于面部的清洁，可选用清洁类化妆品去除面部油污，然后再用清水洗净。在基面化妆前，应在清洁的面部上，涂上护肤类化妆品。

第二步：基面化妆。基面化妆又叫打粉底，目的是调整皮肤颜色，使皮肤平滑。化妆者可根据自己的皮肤选择合适的粉底，并根据面部的不同区域，分别敷深、浅不同的底色，以增强脸部的立体效果。

第三步：眉毛的整饰。整饰眉毛时，应根据个人的脸型特点，确定眉毛的造型。一般是先用眉笔勾画出轮廓，再顺着眉毛的方向一根根地画出眉型，最后把杂乱的眉毛拔掉。

第四步：涂眼影，画眼线。眼影有膏状与粉质之分，颜色有亮色和暗色之别。亮色的使用效果是突出、宽阔；暗色的使用效果是凹陷、窄小。眼影色的亮、暗搭配，在于强调眼睛的主体感。涂眼影时，应在贴睫毛的部位涂重些，两个眼角的部位也应涂重些。宽鼻梁者涂在内眼角上的眼影应向鼻梁处多延伸一些，鼻梁窄者则少延伸一些。

第五步：涂腮红。涂腮红的部位以颧骨为中心，根据每个人的脸型而定。长脸形要横着涂，圆脸型要竖着涂，但都要求腮红向脸部原有肤色自然过渡。颜色的选用，要根据肤色、年龄、着装和场合而定。

第六步：涂口红。涂口红时，先要选择口红的颜色，再根据嘴唇的大小、形状、薄厚等用唇线笔勾出理想的唇线，然后再涂上口红。唇线要略深于口红色，口红不得涂于唇线外，唇线要干净、清晰，轮廓要明显。

化妆后要仔细检查一遍，尽量少显露修饰痕迹，主要看一下你的化妆与衣着、发型是否相宜，与你自己的年龄、身份、气质等是否相称。

（2）好形象从头开始

发型修饰就是在头发保养、护理的基础上，修剪、梳理出一个适合自己的发型。美观、恰当的发型会使人精神焕发、充满朝气和自信。发型选择的要点如下：

①按脸型选择发型

好的发型设计能起到修饰脸型的作用。人的脸型可分为椭圆脸、圆脸、长脸、方脸四种。椭圆脸是东方女性的标准，可选任意发式；圆脸型的人应将头顶部的头发梳高，并设法遮住两颊，使脸部看起来显长不显宽；长脸形的人，应将刘海向下梳，遮住额头，两侧的头发要蓬松，以减少脸的长度；方脸型的人，可让头发披在两颊，掩饰棱角，使脸部看上去圆润些。

②按身材选择发型

根据自己的体型选择发型也是很重要的。高身材以中长发或长发为宜。如果身体瘦高，则头发轮廓以圆形为宜；如果身材高且胖，则头发轮廓应以保持椭圆形为宜。矮身材以留短发为宜，或将头发高盘于头顶。

③根据职业和环境选择发型

商界男士可选择青年式、板寸式、背头式、分头式、平头式等发型；职业女性的发型应文雅、庄重；公关小姐的发型应新颖、大方。

④发型要适合年龄

少年应以自然美为主，不宜烫发、吹风；青年人发型可以多种多样；中年人宜选择整洁简单、大方文雅的发型；老年人则应选择庄重、简洁、朴实的发型。

⑤选择发型要看发质

有些发型从年龄、身材、脸型等方面考虑都适合自己，但如果发质不合适，也不会收到好效果。

修饰仪容可以使你的容貌扬长避短，进一步提升你在社会活动中的形象与魅力，因此面子工程虽属小事，但却不可马虎。

2. 着装对提升形象很重要

俗话说："人靠衣服马靠鞍"，这充分说明了着装对一个人的重要性。着装虽然是小节，但如果你能不把它当小节看，那么在美化了自己的同时，你也就会赢得更多人的尊重。

一个衣着邋遢的年轻人冲进某公司的经理室，"你们的面试官说我衣着不整，拒绝录用我！你们凭什么以貌取人？我这叫'不拘小节'！看看我的学位证，看看我设计的作品，我是最优秀的！"办公桌前的经理打量了一下年轻人，然后温和地说："小伙子，你所应聘的设计工作要求是很高的，不但设计出来的作品要新颖，有美感，还要求工作者对工作严谨负责，一丝不苟。而'不拘小节'的你似乎真的不太适合这个工作。"

一个连自己的着装都打理不好，对自己的仪表都不负责的人，真的很难令人相信他有多高的天分、多严谨的工作态度。不管你的实际能力如何，真实的人品怎样，别人对你的第一印象都是受到着装打扮的影响的。因此你一定要穿出美感，利用着装展现个人魅力，赢得别人的好感和喜欢。

得体的着装并不要求穿得华贵，而是要在细节上下功夫，使服装搭配得协调、有美感，下面就是着装要注意的一些细节：

（1）体现个性，与交际环境协调

人置身于不同的社交场合、不同的群体环境就应该有不同的服饰打扮。在交际活动中，要考虑环境因素，除职业上需要的统一正式的职业装外，服饰穿戴要具有个性特点。在选择服装的款式、颜色、材料上要根据自己爱好、气质、修养、审美特点等，选择充分体现自身个性的服饰，使服饰与个性"相映生辉"，给他人以强烈的美感，从而穿出你独特的一面，在交际过程中产生积极、良好的影响。著名的英国前首相撒切尔夫人，素有"铁娘子"之称，个性鲜明，在服饰穿戴上也有自己独到的见解。她说："我必须体现出职业特点和活力。"她认为，女性过分化妆容易给人以男人的玩物、花瓶之类的"浅薄感觉"。所以，她爱着深色、凝重的服装，这样显得严谨、高雅、庄重，突出了一位女政治家的个性风采。

体现个性风格，并非随心所欲，这里还有着装的交际环境、气氛的限制，服饰要与整体的交际环境、气氛相协调。只有这样才有个性着装可言。比如说，在办公室上班要穿典雅庄重的职业装，女士以职业裙装为最佳。出席婚礼，服饰的色彩可略微鲜艳明亮一些，但不可过度，否则有压倒新娘之势，这是不礼貌的。而参加葬礼吊唁活动，则应着深色凝重的衣服。身居家中，可穿舒适的休闲服装甚至是睡衣，但若突然有客人拜访，则应立即到卧室中换装与客人见面。在运动场上，则要穿着适合运动的服装。

除与交际环境相协调外，还要注意与交际对象协调，以缩短彼此之间的距离，创造和谐融洽的交际气氛，使整个场合的气氛更加热烈，这样服饰美的目的也就达到了。

（2）服饰选择与自身的社会角色相协调

在社会生活中，我们每个人都扮演着不同的社会角色，因此也就有着不同的社会规范，在服饰穿戴上也就有区别了，我们应尽量做到服饰与角色相吻合。如果你现在置身家中，身份是太太或先生，你可以随心所欲，自由着装；如果你现在的角色是办公室职员，需要与同事或上司交往，你的着装则需要符合办公室礼仪，男士着西服，女士着套裙；假如你现在的身份是路上行人或公共场所的一员，则你的着装需要符合社会道德规范，要不伤风化和大雅。服饰美的创造必须与个人的角色特征密切吻合，这才能显示出服饰美的魅力。

（3）服饰穿戴与自身的先天条件相协调

社交活动中的人们，都希望自身的服饰美丽，给他人以美的享受，所以千方百计地追求服饰美。为了达到美化的目的，服饰的穿戴要注意扬长避短。我们在选择服饰的时候，不仅要考虑服饰的颜色、质地、款式，还要充分结合个人的脸型、身材、肤色等来着装。针对不同肤色、身材，提供以下一些着装参考。

①肤色与服饰匹配适当

中国人多为黄种人，一般说来，不宜选择与肤色相近或颜色较深暗的衣服，如，土黄、棕黄、深黄、蓝紫等，因为它们使得"黄"人更"黄"。通常适宜穿暖色调的衣服，如，红、粉红、米色及深棕色等。但黄种人中皮肤白净者，则无论何种深色或浅色的服装都合适。皮肤黝黑者，适合穿暗色衣服，如，铁灰、藏青等，最忌穿纯白色衣服。中国人对人体美的审美观不同于黑色人种。中国人喜爱洁白、红润、有光泽的肤色，追求的基调是"白"；黑种人喜爱肤色的黝黑油润，追求的基调是"黑"。所以，非洲人大都喜爱白色服饰，目的就是为了突出他们的皮肤色泽的"黑色美"，而中国人如果以白突出黑就无美可言了。

②体型与服饰合理搭配

身材矮小者，适宜穿造型简洁、色彩简单明快、小碎花形图案的服饰。

身材高大者，若修长则各种服饰皆可；若稍胖，宜穿条形、不太肥的衣服。

肩过窄者，适合穿柔软、贴身的深色上衣，穿袖口挖得很深的背心。

肩过宽者，适宜穿大翻领、带垫肩的衣服，脖系丝巾或围巾，穿横条纹上衣。

腿粗者，适宜穿长裤或拖地长裙，直线条纹的裙、裤，下身选择深色系列，脚穿镂空的高跟鞋。

腿细者，适宜穿横条纹的裙、裤，或不太紧的长裤，注意裙长及膝或膝下三厘米左右，不可选择高于膝盖以上的短裙或超短裙；穿浅色服装和丝袜，脚穿式样简单的低跟或平跟凉鞋。

腿短者，适宜穿直线条纹的裤、裙，或高腰长裤，如穿裙子则下摆必须合身，脚穿高跟鞋。

腿长者，如穿裙子，最好过膝，系宽皮带，外衣长度要过腰部；长裤要与臀部紧贴，长度适中，裤脚反折。

V 形腿者，如穿裙子，则裙子的长度要盖过小腿的弯曲部分；也可穿各式长裤、喇叭裤，忌穿短裙、紧身裙、牛仔裤；配以低跟鞋子。

后背太宽者，适宜穿有直线条花纹、剪裁合身的上衣，不要垫肩，注意露背装的吊带要宽些，头发长度要过肩。

后背太窄者，适宜穿有横线条花纹或图案，蓬松宽大的上衣，袖子与肩部接缝处要稍微宽些。

胸部太大者，上衣前胸的花色要尽量素雅，以直线条花纹为佳。选择蛋形、V 字形和方形领口，衣料质地要柔软，轻盈飘逸。

胸部太小者，宜戴垫有厚海绵的胸罩，穿宽大的上衣，长背心或短装，利用花边、蝴蝶结扩大前胸的视线范围。在衣服的中腰部分，要用鞋带式的交叉系带。

大腹者，适宜穿松紧适度的裙、裤，选择长度盖过腹部的罩衫、束腰外衣，穿 A 字裙及腹部宽松的西装，或深色裙装、裤装。

粗腰者，适宜穿柔软的罩衫或毛衣，选择盖过膝盖的外衣、H 形套裙，服装要尽量选用深色系列。

（4）服饰穿戴要与季节相协调

除了以上几点着装时需要注意外，一般情况下，我们的服饰穿戴还要与四季气候条件相协调，除非有特殊的表演需要等，否则，违背自然规律着装，不是热着了，就是冷着了，影响个人健康不说，与他人、与社会格格不入的着装不仅无美感可言，还有损个人形象。一般说来，春、秋季气候不冷不热，适宜穿着浅色调的薄厚适中的衣服；而冬、夏季就偏冷或偏热了，与之相适应，我们的着装则应该相应地偏厚或偏薄。如同样是裙装，夏天应着薄型面料的，而冬天则应该穿厚面料的裙子。且夏季服装颜色以浅色、淡雅为主，冬季以偏深色为主，如深蓝、藏青、咖啡等色。

总之，在着装打扮时一定要精雕细琢，充分展现自己的风采，提升个人魅力。

3. 养成良好的站、坐、行姿态

家长常要求孩子"站有站相，坐有坐相，走有走相"，而古人则对人的姿态和举止要求为"站如松、坐如钟、行如风"。不要认为坐、立、行的姿态只是小节就忽略了它，细微处体现了一个人的修养，不加以注意就会招致别人的反感。

在日常生活中，我们经常碰到这样的人：他们或是仪表堂堂，或是美丽非凡，然而一举手、一投足，便可现出其粗俗。这种人虽金玉其外，却是败絮其中，只能招致别人的厌恶。所以，在社会交往活动中，要给对方留下美好而深刻的印象，外在的美固然重要，而高雅的谈吐、优雅的举止等内在涵养的细节表现，则更为人们所喜爱。这就要求我们应当从举手、投足等日常行为方面有意识地锻炼自己，养成良好的站、坐、行姿态，做到举止端庄、优雅得体、风度翩翩。

举止礼仪的基本要求是指人们在日常生活、工作、学习和社会交往中，一些最基本的动作应具备的礼仪规范。

所谓站有站相，主要是指站姿要挺直。人的正常站姿，也就是人在自然直立时的姿势。其基本要求是：头正、颈直，两眼向前平视，嘴、下腭微收；双肩要平，微向后张，挺胸收腹，上体自然挺拔；两臂自然下垂，手指并拢自然微屈，中指压裤缝；两腿挺直，膝盖相碰，脚跟并拢，脚尖微张；身体重心穿过脊柱，落在两脚正中。从整体看，形成一种优美挺拔、精神饱满的体态。这种体态的要诀是：下长上压，下肢、躯干肌肉群绷紧向上伸挺，两肩平而放松下沉。前后相夹，指臂后夹紧向前发力，腹部收缩向后发力。左右向中，自己感觉身体两侧肌肉群从头至脚向中间发力。这种站立姿势除少数人员作为工作体态外，主要是用来作为体态训练，它是其他各种形式站立的基础。

不注意基础训练或训练中不得要领，会使人产生习惯性畸形。常见的畸形有含胸、脊柱后弯、凸胸腆肚、探颈、视线高而鹅步、缩肩驼背，造成缩颈耸肩、胸部发育不良，臀部肌肉下垂、膝盖突出、站立重心偏移，易产生塌腰、耸肩、拱臂、O 形腿等。

一般来说平时站立时，两腿可以分开不超过一脚长的距离，如果叉得太开是不雅观的。站立时间较长时，可以以一腿支撑身体的重心，另一腿稍稍弯曲，但上体仍需保持挺直。

在站立时，切忌无精打采地东倒西歪、耸肩勾背，或者懒洋洋地倚靠在墙上、桌边或其他可倚靠的东西上，这样会破坏自己的形象。站立谈话时，两手可随谈话内容适当做些手势，但在正式场合，不宜将手插在裤袋里或交叉在胸前，更不要下意识地做小动作，如摆弄打火机、香烟盒，玩弄衣带、发辫，咬手指甲等。这样，不但显得拘谨，给人以缺乏自信和经验的感觉，而且也有失仪表的庄重。

所谓坐有坐相，是指坐姿要端正。人的正常坐姿，在其身后没有任何依靠时，上身应挺直稍向前倾，肩平正，两臂贴身自然下垂，两手随意放在自己腿上，两腿间距与肩宽大致相等，两脚自然着地。背后有依靠时，在正式社交场合，也不能随意地把头向后仰靠，显出很懒散的样子。

为了保证坐姿的正确优美，应该注意以下几点：一是落座以后，两腿不要分得太开，这样坐的女性尤为不雅。二是当两腿交叠而坐时，悬空的脚尖应向下，切忌脚尖向上，并上下抖动。三是与人交谈时，勿将上身向前倾或以手支撑着下巴。四是落座后应该安静，不可一会儿向东，一会儿向西，给人一种不安分的感觉。五是坐下后双手可相交搁在大腿上，或轻搭在沙发扶手上，但手心应向下。六是如果座位是椅子，不可前俯后仰，也不能把腿架在椅子或沙发扶手上、踏在茶几上，这都是非常失礼的。七是端坐时间过长，会使人感觉疲劳，这时可变换为侧座。八是在社交和会议场合，入座要轻柔和缓，坐姿要端庄稳重，动作幅度不能太大，弄得座椅乱响，造成紧张气氛，小心不要带翻桌上的茶杯等用具，以免尴尬被动。总之，坐的姿势除了要保持腿部的美以外，背部也要挺直。不要像驼背一样，弯胸曲背。座位如有两边扶手时，不要把两手都放在两边的扶手上，给人以老气横秋的感觉，而应轻松自然、落落大方，方显得彬彬有礼。

除了站相和坐相以外，行走的姿势也是每个人的最基本的行为动作，是行为礼仪中所必不可少的内容，亦需加以注意。每个人行走比站立的时候要多，而且行走一般又是在公共场所进行的，所以，要非常重视行走姿势的轻松优美。人的正常行走姿势，应当是身体挺立，两眼直视前方，两腿有节奏地向前迈步，并大致走在一条等宽的直线上。行走时要求步履轻捷，两臂在身体两侧自然摆动。走路时步态美不美，是由步度和步位决定的。如果步度和步位不合标准，那么全身摆动的姿态就失去了协调的节奏，也就失去了自身的步韵。

所谓步度，是指行走时两脚之间的距离。步度的一般标准是一脚迈出落地后，脚跟离未迈出脚脚尖的距离恰好等于自己的脚长。这个标准与身高成正比例关系。即身材高者则脚长，步度也就自然大些；身材矮者则脚短，步度也就自然小些。所谓脚长，是指穿了鞋子后的长度，而非赤脚。但步度的大小与穿什么样的服装与鞋子也有关。例如，女士穿旗袍，脚穿高跟鞋，那么步度肯定比穿长裤和平底鞋小得多。

所谓步位，是指行走时脚落地的位置。走路时最好的步位是两只脚所踩的是一条直线，而不是两条平行线。特别是女性走路时，如果两脚分别踩着左右两条线走路，是有失雅观的。步韵也很重要。走路时，膝盖和脚腕都要富于弹性，两臂应自然、轻松地摆动，使自己走在一定的韵律中，显得自然优美。否则就会失去节奏感，显得非常不协调，看起来会很不舒服。

总之，走路的正确姿势应当是：轻而稳，胸要挺，头抬起，两眼平视，步度和步位合乎标准。走路过程中要特别注意以下几点：一是走路时，应自然地摆动双臂，幅度不可太大，只能做小幅度的摆动，切忌做左右式的摆动。二是走路时，应保持身体的挺直，切忌左右晃动或摇头晃肩。三是走路时，膝盖和脚踝都应轻松自如，以免得浑身僵硬，同时，切忌走内八字或外八字。四是走路时，不要低头或后仰，更不要扭动臀部，这些姿势都不美。五是多人一起行走时，不要排成横队，勾肩搭背，边走边大说大笑，这都是不合礼仪的表现。有急事需要走过前面的行人，不得跑步，可以大步超过，并转身向被超者致意或道歉。六是步度与呼吸应配合成有规律的节奏，穿礼服、裙子或旗袍时，步度要轻盈舒畅，不可迈大步行走，若穿长裤步度可稍大一些，这样才显得活泼生动。七是行走时，身体重心可以稍向前，它有利于挺胸收腹，此时的感觉是身体重心在前脚上。理想的行走轨迹是脚正对前方所形成的直线，脚跟要落在这条线上。若脚的方向朝里，会形成罗圈脚；脚尖过于外撇，会造成 X 形脚。这些都是不正确、不规范、不雅观的举止。

上面所说的是从个人自身的角度出发对行走时需注意的问题的概括。而一个人在行走时的绝大部分时间里都不是一个人孤零零地进行，或是有几个人同行，或是会碰到各种各样的人。正因如此，我们就必须进一步了解和遵循行走时的各种礼仪细节。

①要遵守交通规则。步行要走人行道，不要走在自行车道或机动车道上。穿过马路要走人行横道，不能随意乱穿马路。

②行人之间要相互礼让。青少年应主动给年长者让路，健康人应给老弱病残者让路，一般行人遇到负重的人或孕妇、儿童等行走困难的人，要让他们先行。在"狭路相逢"时，尤其要注意这一点，不能以强凌弱，抢道行走。

③走路遇到熟人，应主动打招呼和进行问候，不能视而不见。但如在路上碰到久别的亲友，想多交谈一会儿，应靠边站立，不要站在马路当中或人挤的地方，以免妨碍交通，自己也不安全。

④走到人群特别拥挤的地方，要有秩序依次通过。撞了别人或踩了别人的脚，要主动向人道歉。如果是别人踩了自己的脚或碰掉了自己所带的东西，则应表现出良好的修养和充分的自制力，千万不要发火，切忌斥责对方或口出怨言。

⑤走路时目光要自然前视，不要左顾右盼，东张西望。男性遇到面容姣好、穿着时髦的女性时，不宜久久注视或掉回头去追视，那样显得缺少教养。

⑥不要一边走路一边吃东西。这既不卫生，也不雅观。如果确实因为饥渴需要吃点东西，可以在路边找个适当的地方，等吃完以后再赶路。

⑦走路时不要抽烟。一面走路一面抽烟是个很不好的习惯。更不应该一边骑自行车一边抽烟，这不仅损害自己的形象，还容易导致交通事故，这是每个人都应当特别注意的。

正确而优雅的个人姿态，可以使人显得有风度、有修养，给人以美好的印象，因此我们一定要多在细节上训练自己、修饰自己。

4. 拜访他人要遵循礼仪规则

古人云："出门如见大宾"，这就是在告诉我们，拜访他人时一定要庄重得体，遵循礼仪规则，即使是细微之处也要讲究礼节。

拜访一般分为正式拜访与非正式拜访两种。正式拜访要事先预约，准时赴约；非正式拜访一般是朋友、邻里之间的来往。但无论是哪种拜访，都要注意一些微小的细节，这样才不会引起对方的反感。

首先，在拜访之前要做好准备。

在拜访之前，我们先要做好准备工作，主要是拜访时间的选择、拜访前预约以及其他一些拜访准备工作如拜访目的等。

①选择合适的拜访时间

正式的拜访，时间最好能事先征得拜访对象的意见后再确定。因为，他可能是领导，工作特别繁忙；也可能是社会知名人士，有着众多的社会活动等。非正式的拜访，时间最好能选择在节假日的下午或平时的晚饭以后，尽量避免在对方吃饭的时间前往，避免午休时间、临下班的时间前往。现在人们都有看电视"新闻联播"节目的习惯，因此，平时的拜访时间选择在晚七点半以后较为合适，但也不能太晚，以免影响对方的休息，引起对方的反感与不满。

②拜访之前先约好时间

拜访他人，应该先约好时间，以免扰乱被访者正常的工作、生活秩序，既可避免成为不速之客，也可防止找不到人。如果事先已约好，就应遵守时间，准时到达。如确有意外情况发生而不能赴约或需要改时间，要事先通知对方，并表示歉意。失约或迟到都是不礼貌的行为。

③拜访之前要安排周密

中国有句古话，叫做"无事不登三宝殿"，一般来说，拜访都有一定的目的，如需要商量什么事情，拟请对方帮什么忙等。怎样交谈更为妥当，事先也要认真地设想和安排一下，尤其是拜访身份高者或年长者更要注意谈话的方式。如果有必要，也可将你登门拜访的目的委婉地告诉被访者，使得对方有一定的准备。看望老人、病人或走亲访友、拜见上司需要哪些礼品，也要事先准备妥当。

其次，要把握拜访的礼节。

拜访者的态度、谈吐和行为的优劣将直接影响拜访目的的实现，因此可以说，文明礼貌的语言和优雅得体的举止是对拜访者永恒的要求。具体说，拜访者要在以下几个方面引起更多的注意：

①进门之前要敲门或按门铃

到拜访对象的家或办公室，事先都要敲门或按门铃，等到有人应声允许进入或出来迎接时方可进去，不可擅自闯入；即使门原来就敞开着，也要以其他方式告知主人有客来访。否则，会被视为缺少教养。

②随身物品不要乱放

有时拜访者需要带一些物品或礼品，或随身带有外衣和雨具等，这些都应该搁放到主人指定的地方。如无指定的地方，可在征求主人的意见后，按主人的意见放置，不可乱扔、乱放。礼品一般应该放置在较为隐蔽处。

③待人接物要有礼貌

对主人房里所有的人，无论熟悉与否，都应一一打招呼。如拜访对象是位年长或身份高者，应待主人坐下或招呼坐下以后方可坐下；对主人委派的人送上的茶水，应从座位上欠身，双手接过，并表示感谢；主人端上果食，应等到其他客人或年长者动手之后，再取之；吸烟者，应尽量克制，实在想抽时，应先征得主人的同意。进门后，应按主人的指引进入某一个房间，而不应该径直走进主人的卧室；如果主人家里铺有地毯等地面装饰物，则应征求主人意见，是否换鞋后再进入。

④谈话要随机应变

交谈要随机应变，交谈者除了表达自己的思想观点外，还要注意倾听对方谈话的内容，观察对方情绪与环境的变化，并注意对应。如对方谈兴正浓，交谈时间可适当长些，反之可短些；如对方发表自己的观点，应适当插话或附和；如自己谈得太多，应注意留给对方插话或发表意见与建议的时间和机会。专程到住宅拜访与顺访、闲聊不同，一般有较强的目的性。如果请主人帮忙，应开门见山，把事情讲清楚，不要含混不清，令主人无从做起。如果主人帮忙有困难，就不能强人所难，硬逼着他人去办。

⑤辞行时间把握好

在与主人交谈的过程中，如果发现主人心不在焉，或时有长吁短叹，说明他心情烦躁，或有急事想办又不好意思下逐客令，这时，来访者应及时、礼貌地提出告辞。如果主人处另有新的朋友来访，一定是有事而来，这时，即使主人谈兴正浓，也应在同新来者简单地打过招呼之后，尽快地告辞，以免妨碍他人。

⑥告辞时要彬彬有礼

不管拜访的结果如何，都应该十分注意告辞的方式。告辞之前要稳，不要显得急不可待。告辞应由客人提出，态度要坚决，行动要果断，不要嘴上说"该走了"却迟迟不动身。辞行时，应向主人及其家属和在场的客人一一握手或点头致意。此外，如果拜访某位朋友且未见到，可向其家里人、邻居或办公室的其他人将自己的姓名、地址、电话留下，以免主人回来后因不知来访者是谁而造成不安的心理。

除此之外，无论主人对你多客气，你和主人有多熟悉，以下的一些细节也千万不能忽视：

①脱下的鞋子要摆齐。鞋子脱下来乱放一气是不雅观的。鞋子擦得锃明

瓦亮，人也显得潇洒，但鞋子脱下后应该放整齐，并可把鞋子靠边一点摆放，且调换一下方向，以便告辞出来时，穿着方便。禁忌进屋前先调方向后脱鞋，因为这样一来正好把屁股对向迎接你的人，就显得有点失礼了。

如果是穿着大衣去的，进门就要脱下。往回返时出了门（正门）后才能穿上。

②忌东张西望地环视四周，尽管无可笑之因，也一个劲儿地傻笑不止，这种不能安静下来的举动会使对方产生不愉快的想法，认为"大概是不太高兴与我见面吧！"

③忌用吸管喝饮料发出咕咕响声、喝汤时发出吧哒吧哒的声音、嘴里一边咕噜咕噜地吃着东西，一边又在唠叨个没完没了，这些情况都是做事不够检点的表现。

④亲昵要有分寸。例如，当对方的母亲在面前时要有礼貌，不能直呼对方绰号来开玩笑。当受到招待，主人拿出食物时，如茶和冰激凌，一般情况是热的东西趁热吃、清凉的饮料要趁其凉的时候吃要诚挚地道声感谢的话，说一声"非常好吃"之类的话。当询问其这是如何制作的时，要显得非常高兴的样子，请求给予说明。

⑤上卫生间要弄得干干净净。上卫生间不论做什么都要弄得干净利落，如：整理头发洗脸时，洗脸池周围的脱发都要打扫干净，上卫生间出来时要把里面穿用的拖鞋放整齐等等。

⑥禁忌到人家里，"啪"地把装东西的袋子一扔，自己也一屁股就坐到椅子上去，也许自己不会感觉到有什么不好，但在别人眼里怎么看呢？

拜访除了要遵从客随主便的规矩外，更重要的是要记住：不要在做客时表现得不拘小节，没有主人会欢迎表现得随随便便的客人。

5. 不雅的小动作会损害你的形象

我们每天都要置身于各种不同的社交场所中，面对不同的人和事，我们的行为举止一定要与我们的身份相称，千万不要在一些细小的地方表现不雅，否则你就会受人轻视。

你不妨检查自己是否有如下不雅行为：

有些耳痒的人，只要他看见什么可以用，就会不分场合随手取一支来掏耳朵。尤其是在餐室，大家正在饮茶、吃东西的当儿，掏耳朵的小动作，往往令旁观者感到恶心、失礼。有些头皮屑多的人，在社交场合也因忍耐不住皮屑刺激的瘙痒而搔起头皮来。搔头皮必然使头皮屑随风纷飞，这不仅难看，而且令旁人大感不快。

宴会席上，谁也免不了会有剔牙的小动作，既然这个小动作不能避免，就得注意剔牙的时候不要露出牙齿，更不要把碎屑乱吐一番，这都是失礼的事情。假如你需要剔牙，最好用左手掩住嘴，头略向侧偏，吐出碎屑时用手巾接住。

由于自己不拘小节的习性，而破坏了自己的形象，这实在不好，针对此必须注意以下细节：

手——最易出毛病的地方是手。把手掩住鼻子、不停地抚弄头发、使手关节发出声音、玩弄接过手的名片，无论如何，两只手总是忙个不停，很不安稳的样子……本来想使对方称心如意的，谁知道却因为这样而惹人厌烦。

脚——神经质地不住摇动，往前伸起脚，紧张时后脚跟踮起等等动作，不仅制造紧张气氛，而且也相当不礼貌。如果在讨论重要提案时伸起脚，准会被人责骂。

在参加会议时更不要当众双腿抖动。这种小动作多发生在坐着的时候，站立时较为少见。这种小动作，虽然无伤大雅，但由于双腿颤动不停，令对方视线觉得不舒服，而且也给人以情绪不安定的感觉，这是失礼的。同样，让翘起的腿钟摆似的荡秋千也是相当难看的姿态。

背——老年人驼背是正常的事，如果二三十岁的年轻人都驼背的话，可就不太好了。所以必须挺直腰杆和人交谈。

眼睛——目光惊慌，在该正视时，却把眼光移开，这些人都是缺乏自信，抑或隐藏着不可告人的秘密，这种人容易使人反感。然而，直盯着对方的话，又难免会让人产生压迫感，使别人不满。因此只要能安详地注视对方眼睛的部位就可以了。

表情——毫无表情，或者死板的、不悦的、冷漠的、无生气的表情，都会给对方留下坏的印象，应该赶快改正，不要让自己脸上有这种表情。为使说话生动，吸引对方，最好能有生动活泼的表情。

动作——手足无措、动作慌张，表示缺乏自信。动作迟钝、不知所措，会使人觉得没精神。昂首阔步、动作敏捷、有生气的交谈等会使气氛变得开朗。所以，千万别忘了人是依态度而被评价、依态度而改变气氛的。

你是否觉察到在你身上存在着一些令人讨厌的小动作？这些动作不仅多余而且绝对有损你的社交形象！下面是一些常见问题，如果你确实具有这些表现，一定要尽快改正它：

①你专爱打听他人的电话号码、家庭成员。

②自以为是、爱说大话觉得自己很了不起。

③"你说吧，咱们到哪儿去呢？"你总是见了面后再来商量。下次再约会时，最好先想好了要去的地方。

④一见面你总是对别人说："你头发好少呀！""你太胖了呀！"

⑤一张口就会说："你瞎说"、"你讨厌"一类的话。

⑥你一面说，"吃什么都行"，一面又挑肥拣瘦。

⑦千万不要在外人面前梳头发、照镜子，那样太难看了。

⑧与人谈话时东张西望地注视周围。

⑨参加会议时，多次更换座位，这是不沉着的表现。可见除了会议之外，也许还有其他惦记的事。

⑩用手遮着嘴说话，怯场的女性多有这样的动作。但是，这往往表示高度关心性别的姿势，尤其是关心男性。

对方的膝向着别的方向，不向着自己的时候，是心也向着别的地方的表现。也许对你不关心。

胳膊抱在胸的正中间，是拒绝的姿势。恐怕在什么地方生你的气或者不相信你。假如对方抱臂不在胸的正中间，而在胸的下边抱着胳膊，说明是好意的动作，那就可以放心了。

而与之相对应的是一些有礼貌的小动作，在适当的时候做这些"小动作"会突显出你的教养水平：

①点头。这是与别人招呼时使用的礼貌举止。通常多用于迎送的场合，尤其是在迎送者有许多人时，用点头就可以向许多人同时致意，表示对见面的喜悦或对离别的惆怅。在其他场合有时也用到点头。

②举手。这也是与别人招呼的礼貌举止。通常用于和对方远距离相遇或仓促擦身而过的时候。它的用意在于表示自己认出了对方，但因条件限制而无法站停施礼或与对方交谈。用这种随机的礼貌可以消除对方的误会，并感到与正常招呼差不多的满意。

③起立。这是位卑者向位尊者表示敬意的礼貌举止。现常用于集会时对报告人到场或重要来宾莅临时的致敬。平时，坐着的男士看到站立着的女子，或坐着的年轻者看到刚进屋的年长者，或者在送他们离去时，也可以用短暂的起立来表示自己的敬意。

④欠身（弯腰）。欠身或者弯腰，都是向别人表示自谦的礼貌举止，也

就相当于在向对方致敬。它与鞠躬的差别，只有程度上的不同而已，即鞠躬要低头，而欠身或弯腰仅仅是身体稍向前倾，但不一定低头，两眼也仍可直视对方。

⑤鼓掌。这是表示赞许或向别人祝贺的礼貌举止。通常用于在聆听别人的长篇讲话和讲演，看完、听完别人的表演、演奏或献技之后，用以表示自己的赞赏、钦佩或祝愿。鼓掌一般需出声，但也可以不出声而仅仅做出鼓掌的样子，不过应当让对方直接看到。

⑥抱拳。这是身份相仿者之间互致敬意的礼貌举止。它是由古代我国文人在相互见面或告辞时，互作长揖的礼仪动作演变而来的。由于它简便易行，所以目前不少人仍喜使用。

⑦双手合十。这是兼含敬意和谢意两重意义的礼貌举止。最初仅通行于出家人即佛门弟子之间，以后逐渐流传到俗家人之间。因为这种礼貌举止很文雅，雅俗共赏，所以不少人也乐于使用。

生活中，小动作常容易被人忽视，其实恰巧是这些小动作会折射出一个人的修养、风度，因此，如果你想给别人留下好印象，就要多关注你的小动作，别在小处露出"马脚"。

6.求人办事的形象塑造细节

求人办事想要成功，还得多注意自身形象，这是生活中很多人都会忽略的一个细节。试想你衣着邋遢、萎靡不振地去求人，还未开口就已被对方厌上三分，这样一来人家又怎会愿意帮你?!

俗话说"人靠衣装，佛靠金装"，讲究仪表是求人前的必要准备。一个人的仪表是给对方留下好印象的基本要素之一。试想，一个衣冠不整、邋邋遢遢的人和一个装束典雅、整洁利落的人在其他条件差不多的情况下，同去求一个人，恐怕前者很可能受到冷落，而后者更容易得到善待。特别是所求的对象是陌生人，怎样给别人留下一个美好的第一印象更重要。

曾经看到这样一个笑话：有一个求人办事的乡下人，穿着普普通通的衣裳没能进去一个大机关的大门，因为那门卫一见他的穿戴就把他拦住了。他于是返身出来，到一个朋友家里换上一身西装革履，然后就大摇大摆地朝那个大机关的大门走了进去。有人曾经告诫说：你想进某个大门吗？你千万不要穿着皱巴巴的衣裳，更不能装出一副谦恭的样子去那个门卫传达室自报家门，或是询问什么等等；你只要穿着西装革履旁若无人地照门直进就是了。你能旁若无人地往门里闯，门卫就会以为你是这里的熟客，再不会来干扰和拦阻你了。

人们常说"不要以衣帽取人"，但实际上处处都是以"衣帽取人"。还是那句话，形象好求人易。世上早有"人靠衣服马靠鞍"之说，一个人若有一套得体的衣装相配，不仅能让你的身份提高一个档次，而且在心理上和气氛上增强了自己求人办事儿的信心。

美国商人希尔在创业之始是个没有任何资本的人，他有一本《希尔的黄金定律》的书要出版，苦于没有资金，这时他将目光瞄上了一位富裕的出版商。他知道在上流社会服饰对人际交往与求人办事的作用。多年的社会阅历告诉他，在商业社会中，一般人是根据对方的气质形象来判断他的实力的，因此，他首先去拜访裁缝。靠着往日的信用，希尔定做了三套昂贵的西服，共花了二百七十五美元，而当时他的口袋里仅有不到一美元的零钱。然后他又买了一整套最好的衬衫、衣领、领带、吊带及内衣裤，而这时他的债务已经达到了六百七十五美元。

此后，每天早上，他都会身穿一套全新的衣服，在同一个时间里，同一条街道上同那位富裕的出版商"邂逅"，希尔每天都和他打招呼，并偶尔聊上几分钟。

这种例行性会面大约进行了一星期之后，出版商开始主动与希尔搭话，并说："你看来混得相当不错啊。"

接着出版商便想知道希尔从事哪种行业。因为希尔身上衣着所表现出来的那种极有成就的气质，再加上每天一套不同的新衣服，已引起了出版商极大的好奇心。这正是希尔期望发生的情况。

希尔于是很轻松地告诉出版商："我手头有一本书打算在近期内争取出版，书的名称为《希尔的黄金定律》。"

出版商说："我是从事杂志印刷及发行的。也许，我可以帮你的忙。"这正是希尔所等候的那一刻，长时间的心血没有白费。

这位出版商邀请希尔到他的俱乐部，和他共进午餐，在咖啡和香烟尚未送上桌前，出版商已"说服了希尔"答应和他签合约，由他负责印刷及发行希尔的书籍。希尔甚至"答应"允许他提供资金并不收取任何利息。

终于在出版商的帮助下，希尔的书成功出版发行了，希尔因此获得了巨大的经济效益。发行《希尔的黄金定律》这本书所需要的资金至少在三万美元以上，而其中的每一分钱都是从漂亮衣服创造的"幌子"上筹集来的。

除衣着打扮外，魅力也是塑造个人形象不可或缺的部分。如果你能把个人魅力挥洒得淋漓尽致，那么求人办事时阻力就会减少很多。

有一天，有位老妇人来到卡耐基的办公室，送出名片，并且传话，她一定要见到卡耐基本人。卡耐基的几位秘书虽然多方试探，却无法问出她这次访问的目的及性质。同时，卡耐基想到自己的母亲与老妇人年纪相仿，于是决定到接待室去，买下她所推销的东西，不管是什么，他都决定买下来。

当卡耐基来到门口时，这位老妇人微笑着伸出手来和他握手。一般来说，对于初次到办公室访问的人，卡耐基一向不会对他太过友善。因为如果向对方表现得太友善了，当对方要求他做不愿意做的事情时，将很难拒绝。

这位亲切的老妇人看起来如此甜蜜、纯真而无害，因此，卡耐基也伸出手去。到这时候，卡耐基方才发现，她不仅有迷人的笑容，而且，还有一种神奇的握手方式。她很用力地握住卡耐基的手，但握得并不太紧。她的这种握手方式传达了这项信息：她能和他握手，令她觉得十分荣幸，她令卡耐基感到，她的握手是出自她的内心。

老妇人那深摄人心的微笑，以及那温暖的握手，已经解除了卡耐基的武装，使他成为一个"心甘情愿的受害者"。这位老妇人只不过握一握手，就把卡耐基用来躲避推销员的那个冷漠的外壳脱下了。换句话说，这位温和的访客已经"征服"了卡耐基，使他愿意去聆听她所说的一切。

在椅子上坐定之后，她立刻打开了她所携带的一个包裹，卡耐基起初以为是她准备推销的一本书。当然了，包裹里面确实是几本书，她翻阅着这些书，把她在书上做了记号的部分都一一念出来。同时，她又向卡耐基保证说，她一直相信，她所念的部分都有成功哲学作基础。

接下去在卡耐基进入能够彻底接受别人意见的状态之后，这位来访者很巧妙地把谈话内容转向一个主题。看来，她来到办公室之前，就早已决定了要讨论这个主题。但是这又是大多数推销人员最常犯的一个错误——如果她把她的谈话顺序颠倒过来，那么，她可能永远没有机会坐上那张舒适的大椅子了。

仅仅是在最后五分钟内，她向卡耐基说明她所推销的某些保险的优点。她并没有要求购买，但是，她向卡耐基诉说这些保险优点的方式在对方心理上造成了一种影响，驱使卡耐基自动想要去购买。尽管卡耐基最终并未向她购买这些保险，但她仍然卖出一部分保险。因为卡耐基拿起电话，把她介绍给另一个人，结果她后来卖给这个人的保险金额，是她最初打算卖给卡耐基的保险金额的五倍。

　　不要怪世人以貌取人，衣貌出众者谁能不另眼相待呢？因此在求人办事之前，一定要在个人形象方面多下点功夫，这样做会帮你取得事半功倍的效果。

7.求职应聘时的形象塑造细节

　　在求职时，面试是必须过的一关。只有在面试中发挥良好，才能把自己顺利推销出去。因此我们一定要注重细节，因为细节也是面试中应留心的地方，千万不要因为细节上的疏忽而使自己受挫。

　　一个人的形象在求职应聘中起着举足轻重的作用。无论你的求职信写得如何出色，主试人还是在见到你的那一刻才对你产生真正的第一印象。而你的形象是一种直接又潜在的语言，悄悄地替你展示了自己。特别是对于刚出校门的学生，高雅的气质能助你拉近校园与社会的距离。

　　那么，如何设计自己的形象，主动出击取得求职应聘的成功呢？这已成为目前不断流动于各个工作岗位的现代人关心的话题。在求职应聘过程中，不同的岗位有不同的选人标准，但成熟、睿智、精明干练、富有开拓精神的形象特征是当今用人单位共同的期待。把握了求职形象的基本特征后，就可按照求职形象的可塑方面对自我进行精心设计。

　　（1）发型在整个仪表中占有很重要的地位，一定要精心打理

　　求职时，头发切忌遮住整个前额，除非为了掩饰某种生理缺陷，否则刘海最好上翻或不留刘海；另外，靠近发际部位的头发造型应朝斜后方微微隆起，以便露出整个面部轮廓。尤其是男性求职者，切不可低眉挤眼，长发过耳，这种形象容易给人以精神萎靡的印象。但也不可理成近似和尚的小平头，这样同样会使魅力大减。女性或长发披肩，或短发齐耳，总之，要给人以端庄、典雅的自然美感。

（2）力求展现最佳气质

有人说气质美是一种意象美，但更准确地说它属于一种意境的美。气质美不是一种天生的美，而是由后天修炼打磨出来的一种风韵、一种境界。也许正因为如此，众多用人单位不是把长相而是把气质的好坏作为一个录用条件。有鉴于此，求职者在求职应聘过程中，要力求通过仪表、举止、谈吐形象，充分显示自身所具有的飘逸、典雅、洒脱、干练的气质特征。

（3）衣着简单大方又整洁

这十分微妙，因为你的穿着很大程度上取决于你面试的工作，取决于你希望给人留下的印象。

首先是着装必须整洁。无论如何，主试人不会将一个不修边幅、邋遢不洁的应试者作为首选。特别是女性，不整洁的打扮会令人对你的印象大打折扣。因为整洁意味着你重视这份工作，重视这个单位，也重视你今后代表的企业形象。整洁并不要求过分的花费，却帮你赢得别人的好感，因此一定要挑选不仅洗得干净而且熨烫平整的衣服。

其次是应当简单大方。面试不是约会，尽可能抛弃各种装饰，如多层花边、色块镶拼、刺绣工艺等等。如果工作的专业性强或职务较高，在色彩上也应慎重，太夺目的色彩和太花哨的纹样表明你不够稳重，会导致对你专业水平的怀疑。要避免前卫大胆的装束，即使炎热的夏天，也不要穿得太露太透；不要选择闪光的涂层面料，也要避免戴叮当作响的耳环和手镯，应当让配饰和服装统一；尽量别穿运动鞋或露趾凉鞋。如果申请管理性质的工作，面试时最好带一个公文包，千万别把女性味十足的手袋带上，要给人留下干练的感觉，还可以穿有垫肩的服装增加威严感。

现代包装可以说是门学问，是门艺术，它给人一种超凡脱俗的美感，而这种美带给人们的效果应该是这样的：视觉美，感觉良好，一切都是从有益的角度出发，使人一见顿生美感。

以男性为例：

①注意头发修整，如果过长，应修剪一下。

②避免穿着过于老旧的西装，颜色以素净为佳。

③正式面试时，以长裤并熨烫笔挺为好。

④衬衫以白色比较好。

⑤尽量选择颜色明亮的领带。选购时可以征询太太或女友的意见，太过鲜艳显得花哨，以能带给他人明朗良好的印象为适宜。

⑥领带不平整给人一种衣冠不整的观感，尽可能别上领带夹。

⑦西装胸袋放条装饰手帕看起来颇为别致。

⑧西装和皮鞋的颜色以保守为原则，面谈时最好避免穿着过分突异的颜色。

⑨戴眼镜的朋友，镜框的配置最好能使人感觉稳重、调和。

女性在应试时则应注意以下几点：

①穿着应有上班女性的气息，裙装套装是最合宜的装扮，勿穿长裤应试。裙装长度应在膝盖左右或以下，太短有失庄重。

②面谈时应穿着高跟鞋，最好避免穿着平底鞋。

③服装颜色以淡雅或同色系的搭配为宜，颜色勿过于花哨，形式亦不宜暴露。

④头发梳理整齐，勿顶着一头蓬松乱发应试。

⑤应略施脂粉，但勿浓妆艳抹。

面试中，一定要注意妆扮的细节。如果你对仪容包装缺乏自信，那么就要多留心时尚杂志，也可以请朋友、同学帮你设计一下，总之，在包装上多下点功夫，你是绝对不会吃亏的。

第二章
从细节入手塑造良好的心态

1. 用微笑培育自己健康的心态

细微的情绪带来的危害是远远超过我们所能预料的，比如你毫不在意的忧虑情绪就可能损害你的自信心，并让别人远离你。幸好这种情绪并不是不可战胜的，一个灿烂的微笑就可以告别忧虑。

微笑来自快乐，它带来快乐也创造快乐。美国有一句名言："乐观是恐惧的杀手，而一个微笑能穿过最厚的皮肤。"形象地说明了微笑的力量不可抵挡。

美国有这样一则笑话：几位医生纷纷夸耀自己的医术高明。一位医生说他给跛子接上了假肢，使他成为一名足球运动员；另一位医生说他给聋人安上了合适的助听器，使他成为一名音乐家；而美容大夫说，他给智力障碍者添上了笑容，结果那位智力障碍者成了一名国会议员。

这则笑话虽有些夸张，却也能从侧面说明微笑的魅力。生活中如果失去了乐观的气氛，就会如同荒漠一样单调无味。一个微笑不费分毫，如果你能始终慷慨地向他人行销你的微笑，那你的获得将不仅仅是回报的一个微笑，你将获得长期的客户关系，你将获得丰厚的报酬，你将获得事业的成功。

人不应把全盘的生命计划、重要的生命问题，都去同感情商量。无论你周遭的事情是怎样的不顺利，你都应努力去支配你的环境，把你自己从不幸中挣脱出来。你应背向黑暗、面对光明，阴影自会留在你的后面。

把忧虑快速地驱逐出心境，是医治忧虑的良方。但多数人的缺点就是不肯开放心扉，让愉快、希望、乐观的阳光照耀，相反却紧闭心扉想以内在的能力驱走黑暗。他们不知道外面射入的一缕阳光会立刻消除黑暗，驱除出那些只能在黑暗中生存的心魔！

你要想获得别人的喜欢，就要真正地微笑。真正的微笑，是一种令人心情温暖的微笑，一种发自内心的微笑，这种微笑才能帮你赢得众人的喜欢。你见到别人的时候，一定要很愉快，如果你也期望他们很愉快地见到你的话。

兰登是阿肯色州一家电器公司的销售员，结婚已经八年了，他每天早上起床之后便草草地吃过早餐，冷漠地与妻子孩子打声招呼后就匆匆上班了。

他很少对太太和孩子微笑，或对她们说上几句话。他是工作群体中最闷闷不乐的人。

后来，兰登的一个好朋友乔尼告诉他，如果他再这样下去，周围的人都会疏远他。兰登也意识到了这一点，于是，决定试着去微笑。

兰登在早上梳头的时候，看着镜子中满面愁容的自己，对自己说："兰登，你今天要把脸上的愁容一扫而光，你要微笑起来，你现在就开始微笑！"当兰登下楼坐下来吃早餐的时候，他以"早安，亲爱的"跟太太招呼，同时对她微笑。

兰登太太被搞糊涂了，她惊愕不已。从此以后，兰登每天早晨都这样做，已经有两个月了。这种做法在这两个月中改变了兰登，也改变了兰登全家的生活氛围，使他们都觉得比以前幸福多了。

"现在，我去上班的时候，就会对大楼的电梯管理员微笑着说一声'早安'。我微笑着向大楼门口的警卫打招呼。当我跟地铁收银小姐换零钱的时候，我对她微笑。当我在客户公司时，我对那些以前从没见过我微笑的人微笑。"兰登说，而且"我很快发现，每一个人也对我报以微笑。我以一种愉悦的态度，来对待那些满腹牢骚的人。我一面听着他们的牢骚，一面微笑着，于是问题就更容易解决了。我发现微笑带给我更多的收入。"

微笑源自快乐也能创造快乐，成功者从不会吝惜自己的微笑。

当你感觉到忧虑、失望时，你要努力改变环境。无论遭遇怎样，不要反复想到你的不幸，不要多想目前使你痛苦的事情。要想那些最愉快最欣喜的事情，要以最宽厚、亲切的心情对待人，要说那些最和蔼、最有趣的话，要以最大的努力来放出快乐，要喜欢你周围的人！这样你就能逃离忧虑的阴影，感受快乐的阳光。

2. 不为迎合别人抹杀自己的个性

不能保持自己的本来面目，这是困扰很多人的一个问题。那么这些人为什么不能保持真我本色？追根究底，就是他们的虚荣心在作怪，因为他们太过于关心别人对自己的看法，为了得到更多人的支持，或者为了营造和谐的人际关系，再或者为了某一个目的，他们逐渐地丧失了自我，开始盲目地追随别人，并以别人的观点来看待问题和做事情。可以说，他们时刻活在别人的目光里，从来没有为自己活过。

老张一心一意想升官发财，可是从青春年少熬到斑斑白发，却还只是个小公务员。他为此极不快乐，每次想起来就掉泪。有一天下班了，他心情不好没有着急回家，想想自己毫无成就的一生，越发伤心，竟然在办公室里号啕大哭起来。

这让同样没有下班回家的一位同事小李慌了手脚，小李大学毕业，刚刚调到这里工作，人很热心。他见老张伤心的样子，觉得很奇怪，便问他到底为什么难过。

老张说："我怎么不难过？年轻的时候，我的上司爱好文学，我便学着作诗、写文章，想不到刚觉得有点小成绩了，却又换了一位爱好科学的上司。我赶紧又改学数学、研究物理，不料上司嫌我学历太浅，不够老成，还是不重用我。后来换了现在这位上司，我自认文武兼备，人也老成了，谁知上司又喜欢青年才俊，我……我眼看年龄渐高，就要退休了，一事无成，怎么不难过？"

可见，没有自我的生活是苦不堪言的，没有自我的人生是索然无味的，丧失自我是悲哀的。要想拥有美好的生活，自己必须自强自立，拥有良好的生存能力。没有生存能力又缺乏自信的人，肯定没有自我。一个人若失去自我，就没有做人的尊严，就不能获得别人的尊重。

老张的做法不禁让我们想起了一个笑话：一个小贩弄了一大筐新鲜的葡萄在路边叫卖。他喊道："甜葡萄，葡萄不甜不要钱！"可是有一个孕妇刚好要买酸葡萄，结果这个买主就走掉了。小贩一想，忙改口喊道："卖酸葡萄，葡萄不酸不要钱！"可是任凭喊破嗓子，从他身边走过的情侣、学生、老人都不买他的葡萄，还说这人是不是有问题啊，酸葡萄卖给谁吃啊！再后来，卖葡萄的就开始喊了："卖葡萄来，不酸不甜的葡萄！"

可见，活着应该是为了充实自己，而不是为了迎合别人的旨意。没有自我的人，总是考虑别人的看法，这是在为别人而活着，所以活得很累。就像上面故事中的老张，为了自己能够升官发财，不得不去迎合自己的领导，可是这恰恰使他失去了自己最宝贵的东西——真我本色。而在他不断地根据不同领导的口味调整自己做人与做事的"策略"的时候，时间飞快地流逝，同时他也真正失去了"升官发财"的机会，落的一事无成。

有一个人带了一些鸡蛋上市场贩卖，他在一张纸上写着：新鲜鸡蛋在此销售。

有一个人过来对他说："老兄，何必加'新鲜'两个字，难道你的鸡蛋不新鲜吗？"他想一想有道理，就把"新鲜"两个字涂掉了。

不久又有人对他说："为什么要加'在此'呢？你不在这里卖，还会去哪里卖？"他也觉得有道理，于是又把"在此"涂掉了。

一会儿，一个老太太过来对他说："'销售'二字是多余的，不是卖蛋难道会是白送的吗？"他又把"销售"涂掉了。

这时来了一人，对他说："你真是多此一举，大家一看就知道是鸡蛋，何必写上'鸡蛋'两个字呢？"

结果，他把所有的字都涂掉了。

你不必去考虑那个卖蛋人写的字是否合理，但你要记住，任何时候做任何事情，都先要清楚地知道自己在做什么，他人的意见只能作为参考，而不能一味地为了迎合别人改变自己的观点。

一个人的主见往往代表了一个人的个性，一个为了迎合别人而抹杀自己个性的人，就如同一只电灯泡里面的灯丝烧断了一样，再也没有发亮的机会。无论如何，你要保持自己的本色，坚持做你自己。

有一个女孩从小就很喜欢唱歌，她梦想将来能成为一名歌唱家，并且为此苦练基本功，付出了艰苦的劳动。

然而，美中不足的是她的牙齿长得凹凸不齐。她常常深感苦恼，不知如何是好，只得尽量掩饰。

一天，她在新泽西州的一家夜总会里演唱时，设法把上唇拉下来，盖住难看的牙齿。结果弄巧成拙，洋相百出。因为表演失败，她哭得很伤心。

这时候，台下的一位老太太走到她身旁，亲切地说："孩子，你是很有音乐天分的，我一直在注意你的演唱，知道你想掩饰的是自己的牙齿。其实，长了这样的牙齿不一定就是丑陋，听众欣赏的是你的歌声，而不是你的牙齿，他们需要的是真实。

"孩子，你尽可以张开你的嘴引吭高歌。如果听众看到连你自己都不在乎的话，好感便会油然而生。"老太太接着说，"那些自己想去遮掩的牙齿，或许还会给你带来好运，你相信不相信？"

从此以后，女孩再也不刻意去掩饰自己的牙齿，而是放下包袱，张大嘴巴尽情地高歌。正如那位老人所说的那样，她最后成了美国著名的歌唱家，不少歌手都纷纷模仿她，学她的样子演唱。这个女孩就是凯丝·达莉。

不论好坏，你都必须保持本色，这才是最重要的。山姆·伍德是好莱坞最知名的导演之一。他说在他启发一些年轻的演员时所碰到的最头痛的问题就是难于保持本色。他们都想做二流的拉娜·特纳，或者是三流的克拉克·盖博，却不想做一流的自己。"这一套观众已经受够了"山姆·伍德说，"最安全的做法是，尽快丢开那些装腔作势的习惯。"

每个人都不可能完美无缺，每个人也不可能赢得所有人的喜欢，只有从内心接受自己，喜欢自己，坦然地展示真实的自己，才能拥有成功的人生。

3. 不要让寻求他人的赞许成为一种必需

在每个人心底，都有那么一点虚荣心，都想得到别人的赞赏和认可。从表面上看，这似乎没有什么害处，也没有什么不对。但是如果一个人为了得到别人的赞赏和认可，不惜去做一些违心的事情，甚至不惜以牺牲自己的尊严为代价，这就不仅是满足一点虚荣心的问题了，而是虚荣心过度膨胀的表现。如为得到别人的认可而成为你许多行为的动力时，这种心态是有百害而无一益的。

人在生活中必然会遇到大量反对意见，这是正常现象，也是一种无法避免的现象。因为你不能要求所有人的思维和观点都和你保持一致，这就像你永远不会找到两片一模一样的树叶一样。

刘伟就是一个典型的过分需要赞许的人。他是一名记者，对于现代社会的各种重大问题都有着自己的一套见解，如计划生育、人工流产、南水北调、义务教育等等。他总是喜欢把自己的观点说给更多的人听，可是每当他的观点得不到赞同甚至受到嘲讽时，他便表现得十分沮丧和痛苦。为了让自己的每一句话和每一个行动都能被大家赞同，他花费了不少心思。

有一次，刘伟和一位朋友聊起无痛死亡的问题，他说他坚决反对无痛致死法。但是他发现他的朋友皱起眉头表现出很不高兴的样子，为了不影响和气，他几乎本能地立即修正了自己的观点："我刚才是说，一个神志清醒的人如果要求结束其生命，那么倒可以采取这种做法。"当他注意到朋友表示同意时，才稍稍松了一口气。

后来，他和自己的上司也无意中谈到了这个话题，这次吸取上次的教训，他说自己赞成无痛致死法，没想到却遭到上司强烈的训斥："你怎么能这样说呢？这难道不是对生命的亵渎吗？"刘伟实在承受不了这种责备，便马上改变了自己的立场："……我刚才的意思只不过是说，只有在极为特殊的情况下，如果经正式确认绝症患者在法律上已经死亡，那才可以截断他的输氧管。"最后，他的上司终于点头同意了他的看法，他才再一次摆脱了困境。

由此可见，一旦寻求赞许成为一种过于强烈的心理需要，做到实事求是几乎就不可能了。为迎合他人的观点与喜好而放弃自己内心真实的想法，慢慢地也就失去了自我价值。

希望博得他人的认可是一种无可厚非的心理，然而，人们在获得了一定的认可后总是希望获得更多的认可。于是，人的一生就常常会为寻求他人的认可而活在爱慕虚荣的牢笼里。事实上，这就流露了一种虚荣心理：你对我的看法，比我对自己的看法更重要。

毫无疑问，要在生活中有所作为，就必须消除过分需要得到赞许的心理！它是精神上的死胡同，不会给生活和工作带来任何益处。如果想获得个人的幸福，必须将这种过分依赖他人赞许的虚荣心，从生命中根除掉。

在我们的生活中，很多人千方百计、绞尽脑汁地去迎合别人的喜好，目的仅仅是换取别人的认同和赞赏，这是不可取的。所以，当我们沉浸在别人的掌声、喝彩声中的时候，一定要对自己此时此刻的幸福和快乐有一个清醒的认识，千万不要染上爱慕虚荣的毒瘾，沦为别人赞许的牺牲品。

4. 不要以为自己各方面都比别人强

爱慕虚荣的人总是希望自己无论在哪方面都是最好的，为了维护自己的面子，他们常常故意夸大自己的能力，炫耀自己的长处，其实，这是一种自不量力的表现。别人在这一方面也许的确不如你，但是这不代表你方方面面都比别人强，也许在有些方面你与别人相差的还不仅仅是一段距离呢。

国王的御橱里有两只罐子，一只是陶的，另一只是铁的。骄傲的铁罐瞧不起陶罐，常常奚落它。

"你敢碰我吗，陶罐子？"铁罐傲慢地问。

"不敢，铁罐兄弟。"谦虚的陶罐回答说。

"我就知道你不敢，懦弱的东西！"铁罐现出了更加轻蔑的神气。

"我确实不敢碰你，但这不能叫做懦弱。"陶罐争辩说，"我们生来的任务就是盛东西，并不是互相撞碰的。在完成我们的本职任务方面，我不见得比你差，再说……"

"住嘴！"铁罐愤怒地说，"你怎么敢和我相提并论！你等着吧，要不了几天，你就会破成碎片，消灭了，我却永远在这里，什么也不怕。"

"何必这样说呢，"陶罐说，"我们还是和睦相处的好，吵什么呢？"

"和你在一起我感到羞耻，你算什么东西？"铁罐说，"我们走着瞧吧，总有一天我要把你碰成碎片！"

陶罐不再理会。

时间过去了，世界上发生了许多事情，王朝覆灭了，宫殿倒塌了，两只罐子被遗落在荒凉的场地上。历史在它们上面积满了渣滓和尘土，一个世纪连着一个世纪。

许多年以后的一天，人们来到这里，掘开厚厚的堆积物发现了那只陶罐。

"哟，这里有一只罐子！"一个人惊讶地说。

"真的，一只陶罐！"其他的人说，都高兴地叫了起来。大家把陶罐捧起，把它身上的泥土刷掉，擦洗干净，和当年在御橱的时候完全一样，朴素、美观。

"一个多美的陶罐！"一个人说，"小心点，千万别把它弄破了，这是古代的东西，很有价值的。"

"谢谢你们！"陶罐兴奋地说，"我的兄弟铁罐就在我旁边，请你们把它挖出来吧，它一定闷得够受了。"

人们立即动手，翻来覆去，把土都掘遍了，但连铁罐的影子也没有。它，不知什么年代，已经完全氧化，早就无踪无影了。

何必为了面子，而刻意与人计较长短呢？当我们为了一个面子的问题，与人争执的时候，其实，我们已经失去了自己想维护的面子。

上帝是公平的，世界上的每个人都有自己的优点和缺点，与其拿自己的长处与别人的短处相比，去强争面子，倒不如坦率地承认不足，把面子让给别人。

有位世界级的小提琴家在为人指导演奏时，从来都不说话。每当学生拉完一首曲子之后，他会亲自再将这首曲子演奏一遍，让学生们从聆听中学习拉琴技巧。他总是说："琴声是最好的教育。"

这位小提琴家每次收新学生时，通常都会要求学生当场表演一首曲子，算是给自己的见面礼，而他也先听听学生的底子，再给予分级。这天，他收了一位新学生，琴音一起，每个人都听得目瞪口呆，因为这位学生表演得相当好，出神入化的琴音有若天籁。当学生演奏完毕，老师照例拿着琴上前，但是，这一次他却把琴放在肩上，久久不动。

最后，小提琴家把琴从肩上拿了下来，并深深地吸了一口气，接着满脸笑容地走下台。这个举动令所有人都感到诧异，没有人知道发生了什么事。小提琴家说："你们知道吗？这个孩子拉得太好了，我恐怕没有资格指导他。最起码在这首曲子上，我的表演将会是一种误导。"

霎时，雷鸣般的掌声响了起来。掌声送给学生，因为他超常的才华，但更是送给这位老师，因为他宽阔的胸襟！试问：有几个人能有此胆量和胸怀？！何况这是一位小提琴家，而且面对着那么多的学生和家长，他能不顾及自己的面子，承认自己不如学生，其精神实在让人佩服！

很多时候，我们并不是没有掌握承认的技术，而是丧失了承认的心情。因为我们怕承认了自己不如别人，就丢了面子。

有的人，为了面子，不惜贬低别人，往自己脸上贴金；为了面子，惯于强词夺理，自我标榜。他们以为自己很了不起，以为别人都不如自己，以为承认自己不如别人就是丢面子。殊不知，有时候，谦虚一点，诚实一点，更能为自己赢得面子。

5. 不要让赞美遮住了双眼

在生活中，被别人追捧、赞扬的时候，我们要考虑：如对方是因为爱，就会有偏袒；如是因为害怕，就会有不顾事实地讨好；如是因为有求于自己，便会有虚夸。所以，我们必须在一片赞扬声中，保持足够清醒的头脑。

欧洲有位著名的女高音歌唱家，三十岁便已享誉全球，而且也已经有了美满的家庭。有一年，她到邻国开一场个人演唱会，这场音乐会的门票早在一年前就已经被抢购一空。

表演结束之后，歌唱家和她的丈夫、儿子从剧场里走了出来，只见堵在门口的歌迷们一下子全拥了上来，将他们团团围住。每个人都热烈地呼喊着歌唱家的名字，还不乏赞美与羡慕的话。

有人恭维歌唱家大学一毕业就开始走红了，而且年纪轻轻便进入国家级的歌剧院，成为剧院里最重要的演员；还有人恭维歌唱家，说她二十五岁时就被评为世界十大女高音歌唱家之一；也有人恭维歌唱家有个腰缠万贯的大公司老板做丈夫，而且还生了这么一个活泼可爱的小男孩……当人们议论的时候，歌唱家只是安静地聆听，没有任何回应与解答。

直到人们把话说完后，她才缓缓地开口说："首先，我要谢谢大家对我和我家人的赞美，我很开心能够与你们分享快乐。只是，我必须坦白地告诉大家，其实，你们只看到我们风光的一面，我们还有另外一些不为人知的地方。那就是，你们所夸奖的这个充满笑容的男孩，很不幸是个不会说话的哑巴。此外，他还有一个姐姐，是个需要长年关在家里的精神分裂症患者。"

歌唱家勇敢地说出这一席话，当场让所有人震惊得说不出话来，大家你看看我，我看看你，似乎难以接受这个事实。

我们不能不为这位歌唱家的理智和清醒喝彩！有多少人曾经在一片赞扬声中，迷惑了双眼，最终导致了失败。最令人扼腕叹息的恐怕该是王安石笔下的仲永了。

金溪县有个叫方仲永的人，他家世世代代以种田为业。方仲永长到五岁时便能作诗，并且诗的文采和寓意都很精妙，值得玩味。县里的人对此感到很惊讶，慢慢地都把他的父亲高看一等，有的还拿钱给他们。他父亲认为这样有利可图，便每天拉着方仲永四处拜见县里有名望的人，让他表演作诗，却不抓紧孩子的学习。到最后，方仲永已与众人无异。他的聪明才智最终被完全捧杀了。

世界上许多伟大的人物，能够清醒地认识自己的成功，对待他人的赞美，他们谦虚理智，有的甚至还很反感别人对他的赞扬。

在第二次世界大战中，丘吉尔对英伦之护卫有卓越功勋。战后在他退位时，英国国会拟通过提案，塑造一尊他的铜像置于公园，令众人景仰。一般人享此殊荣高兴还来不及，但丘吉尔却一口回绝。他说："多谢大家的好意，我怕鸟儿喜欢在我的铜像上拉粪，还是请免了吧。"

牛顿，是杰出的学者、现代科学的奠基人，他发现了万有引力定律，建立了成为经典力学基础的牛顿运动定律，出版了《光学》一书，确定了冷却定律，创制了反射望远镜，还是微积分学的创始人……功绩显赫，光彩照人。可当听到朋友们赞扬他的时候，他却说："不要那么说，我不知道世人会怎么看我。不过我自己只觉得好像一个孩子在海边玩耍的时候，偶尔拾到几只光亮的贝壳。但关于大海的真正知识，我还没有发现呢。"

有这样谦逊好学、永不满足的精神，牛顿的成功是必然的。古今成大事业、大学问者，正是因为有了正确对待他人赞扬的态度和谦逊好学的精神，才达到人生的光辉顶点的。

6. 给自己一个波澜不惊的平静心态

人们面对着现实世界，有多少令我们心境不宁的事情。

每天，当我们打开电视和报纸，都会看到许多令人不安的新闻。欧洲又发现了一例"疯牛病"，你情不自禁地会想：我今天吃的牛肉汉堡可别有"疯牛病"……股市又下跌了，你开始担心自己买的股票……美国发生了校园枪击事件，你在震惊之余，又为你在美国留学的孩子揪起了心……医生说，坐便马桶不卫生，会传染性病。你又忽然紧张起来，因为你白天开会时刚刚使用了楼里的公共卫生间……

在家中，在单位，甚至走在大街上，你也会遇到许多烦心的事：孩子功课不好，又不用功；单位领导莫名其妙地冲你发火，为一件微不足道的小事足足批评了你一个小时；在路上，一个人嫌你挡了他的道，骂骂咧咧没个完……

正如古人所说，人们面对着外界的这些混乱干扰，心情怎么能够承受得了？

那么，该如何办呢？保持心情的宁静。只要稍微宁静下来，你眼前的一切就会是完全不同的情形。

让我们试着用平和宁静的心情来看待那些曾让我们心烦意乱的外界干扰。

世界就是这样，每天都会有很多坏消息、坏事报道出来了，说明人们已经有了警觉。如果自己无力改变，相信会有人去改变，自己以后当心一点儿就是了。孩子让你操心，但最终要靠他自己努力，你尽到责任就可以了，不必为此而闹心。领导可能是有烦心事，不过是拿你当出气筒，不要太在意，受点儿委屈，也就过去了。路上遇到的那个人是很无礼，但你现在早已脱离了那人，忘了那人吧，那人早已走了，你还在为他而生气，不是继续替那人折磨自己吗……

庄子说："至人无己。"

"无己"即破除自我中心，亦即扬弃功名束缚的小我，而达到与天地精神往来的境界。

从这里可以看出，庄子所主张的超脱，实际上是摆脱了一切之后的无知无欲，表现在人生理想上，那就是"无名"，即独与天地相往来的独善其身。

对于生活在现实中的我们而言，庄子对天地精神的崇拜，固然是显得玄虚了一些，但针对构成我们世界的纯利益追求以至于忘却了自己的人来说，庄子的宏论和超脱还是具有一定借鉴意义的。

任何人也不能做到如庄子所言无知无欲而达到超脱，但效法天地之自然浑成，而注意自我心性的保持，能够超然物质欲求之外，也许，倒亦是颇为有益的境界。

关于此，庄子曾在"逍遥游"中讲了这样的寓言：

尧把天下让给许由，说："日月都出来了，而烛火还不熄灭，要和日月比光，不是很难为吗？先生一在位，天下便可安定，而我还占着这个位，自己觉得很羞愧，请容我把天下让给你。"

许由说："你治理天下，已经很安定了。而我还来代替你，要为着名吗？是为着求地位吗？小鸟在深林里筑巢，所需不过一枝，鼹鼠到河里饮水，所需不过满腹。你请回吧，我要天下做什么呢？"

这则寓言是说：天地之间广大无比，而在此之中，人所需又如此的渺小，拿自己的所需与天地相比那不是很可怜吗？那么何不效法天地之自然，而求得心性的自由和逍遥呢。

庄子要给予我们的也许是一种极宏远的宇宙观，让人认识到至广至大的极限处，解脱自我的封闭，超越世俗的小我。庄子的这种宇宙观，难道不是一种智慧的体现吗？

作为生命的个体，我们是淹没在万象的生命之中的。但正是作为个体，我们才时常能真切感受到生命的世界所能具有的伟大和恢宏。

只要你觉得自己是一个值得一活的人，人生的危机就不会妨碍你去过充实的生活。如此，就会有一种安全感取代焦虑不安，而你也就可以快快乐乐地活下去，把不安之感减低到最低限度。有了这种"安全感"，也就自然会有心灵的平和宁静。

要保持宁静的心态，可以在遇到烦心的事时有意识地改变一下想法。比如在乘公共汽车时碰到交通堵塞，一般人会焦躁不安，但你可以想："这正好使自己有机会看看街道，换换脑子。"如果朋友失约没来找你玩，你也不必心生烦闷，你可以想："不来也没关系，正好自己看看书。"这样转换想法，就可以使烦躁的心境变得平和起来。

7. 自知与自省是最需要强化的心态细节

国际上有位知名人士曾经说过：一个人认识自己的过程是艰难而又曲折的，只有闯过了人生的重重迷宫，才能找到自己、认识自己。先不说了解别人有多么困难，单说真正彻底地了解自己就是一件很不容易的事。

人们对于自己的优点都很敏感，而对于自己的缺点却容易疏忽，你的真正专长是什么？最大的本领是什么？有时候你自己也拿不准。老子曰："自知者明。"苏格拉底说："你要认识自己。"东、西方哲人们几千年前说的话竟然是如此相似。可见，认识自我对于个人的人生成长和发展是十分重要的。

"命运是把握在自己手中的。"每个人都有选择人生方向的机会，选择的方向是否适合自己，关键是要看对自己的认识是否准确。认识自己先要正确地认识到自己的长处，这关系到自己做出正确选择和确立自信心。但认识自己最难的是还在于要认识到自己的短处，大多数人都习惯于自以为是，不愿意否定自己，看不到自己存在的缺点和不足。所以，古人说："人贵有自知之明。"一个"贵"字，道尽了自知之不易。

陷入彻底盲目的人，是自己不了解自己的人。牛顿说他看得远，那是因为他站在巨人的肩膀上。这句话既是自谦之词，也是自知之句。只要心中有一把客观的尺子，不夜郎自大，不妄自菲薄，自会与进步结伴，不和落后同行。

有这么一个寓言故事，可以给我们以启迪：

森林中，动物们正在举办一年一度关于比"大"的比赛。老牛走上台来，动物们高呼："大。"大象登场表演，动物也欢呼："真大。"这时，台下角落里的一只青蛙气坏了。难道我不大吗？它一下子跳上一块巨石。拼命鼓起肚皮，同时神采飞扬地高声问道："我大吗？"

"不大。"台下传来的是一片嘲讽的笑声。

青蛙很不服气，继续鼓着肚皮。随着嘭的一声，肚皮鼓破了。可怜的青蛙，到死也还不知道它到底有多大。

还有一个与自知之明有关的故事。

有一位登山队员参加了攀登珠穆朗玛峰的活动，到了七千八百米的高度时，他体力支持不住，停了下来。当他讲起这段经历时，朋友们都替他惋惜，为什么不再坚持一下呢？再咬紧一下牙关，爬到顶峰呢？"不，我最清楚。七千八百米的高度是我登山生涯的最高点，我一点也不为此感到遗憾。"他说道。

寓言故事中的青蛙不了解自己，受到了命运的惩罚；登山队员了解自己，所以他安然无恙。了解自己，这是一种明智，是一种美好的境界。

现代人都有一种通病，那就是不了解自己。我们往往在还没有衡量清楚自己的能力、兴趣、经验之前，便一头栽进了一个过高的目标——这些目标往往是为了与他人攀比而制定的，而不是根据自己的客观情况判定出来的。所以，每天要受尽辛苦和疲惫的折磨，却难以获得成功。

人与人是有差异的。有的人聪明，有的人平庸；有的人强壮，有的人羸弱，每个人的性格、能力、经验也各不相同。我们只有依照自己的潜能去发展，才能获得最大的成就。

那么，如何才能做到清楚地认识自己呢？俗话说："旁观者清，当局者迷。"苏东坡在《题西林壁》一诗中也说道：

横看成岭侧成峰，远近高低各不同。

不识庐山真面目，只缘身在此山中。

我们自己看不清自己的主要原因，就和身在庐山中反而却看不清庐山真面目是一个道理。要想具有自知之明，必须跳出自我的小圈子，站在旁观者的立场来分析和评价自己。

客观地评价自己必须消除自负的心理。自负心理总是过高估计个人的能力，会让人丧失自知之明。这样的人总是心高气傲，总爱抬高自己，贬低别人，固执己见，唯我独尊。他们喜欢凭着一点资本到处卖弄，结果受害的总是自己。

1929年，乔·吉拉德出生在美国的一个贫民窟，他从懂事起就开始擦皮鞋，做报童，然后又做过洗碗工、送货员、电炉装配工和住宅建筑承包商，等等。三十五岁以前，他只能算是一个货真价实的失败者，朋友们都弃他而去，他还欠了一身的外债，连妻子、孩子的温饱都成了问题，同时他还患有严重的语言缺陷症——口吃，换了四十多个工作仍然一事无成。看到自己的生活与别人的差距逐渐拉大，看到从前的朋友换上了新车而自己依然是一无所有，看到了别的家庭都其乐融融地准备着圣诞晚餐，而自己的妻子还在为用少得可怜的蔬菜做些什么出来而犯愁，这一切都让乔·吉拉德感到沮丧，同时他也觉得要为改变这种生活做些什么了。于是，他开始卖汽车，步入了推销生涯。

刚刚接触推销业务时，他反复多次地对自己说："你认为自己行就一定能行。"他相信自己一定能够做得到，他以极大的专注和热情投入推销工作中，只要一碰到人，他就把名片递过去，不管是在街上还是在商店里，他抓住一切机会，推销他的产品，同时也推销他自己。三年以后，他成为全世界最伟大的销售员，谁能想到，这样一个不被人看好，而且还背了一身债务、几乎走投无路的人，竟然能够在短短的三年内被吉尼斯世界纪录称为是"世界上最伟大的推销员"。他至今还保持着销售昂贵产品的空前纪录——平均每天卖六辆汽车！他一直被欧美国家商界称为"能向任何人推销出任何商品"的传奇人物。

乔·吉拉德做过很多种工作，但屡遭失败。最后，他把自己定位在做一名销售员，他认为自己更适合、更胜任做这项工作。

事实上，客观评价自己是一件很困难的事情，尤其是评价自己的短处时就更加困难。但是，一个能清醒评估自己的人，就能够不断完善自己、成就自我，并充满自信、快快乐乐地生活和工作。

所以说，一个人是否拥有自省的能力，意味着他是否能够正确认识自己。

拥有博士学位的王先生，平均每一至两年就要更换一次工作。每回辞职，他总有一大串在别人眼里看来不成理由的理由，在这些理由之中，百分之百错在别人，包括主管、同事、部属，乃至于工作环境，都未能尽如他意，都有太多令他看不惯、不以为然的缺失。

也就是说，这位博士惯以怪罪他人来作为更换工作的借口，唯一不曾面对的是，在整个过程中，他自己所扮演的角色，是否得宜，进而冷静地思考一下，自己有没有需要改进、检讨或修正的地方。

简言之，王先生患了一种自以为是的狭隘症，这种心理病的最大特征是——缺乏自省的能力。

永远是只看见他人的缺点，却看不到自己的不足之处，又因不自觉自己的缺失，当然不会想到需要改进了。

讲到自省，最具代表性的人物，则非曾子莫属。曾子是孔子的学生，在当时孔子众多学生中，属于比较鲁钝、老实的，但他在做学问、做人方面，却有其独到之处。

曾子曾说："吾日三省吾身，为人谋而不忠乎？与朋友交而不信乎？传不习乎？"

现代人能做到每日三省吾身的，只怕是极少，但是，至少在心态上、思想上，我们应该融入此一理念，并时时提醒自己。或许不一定每日三省，至少每日给自己一点时间，面对自己，与自己内心做最坦诚、真实的对谈，想想今天做了哪些对的事，说了些什么不该说的话，做了些什么决定，有没有比昨天进步一点，勇敢一点，诚实一点；有没有给自己一些新的动力，好往前冲，让自己更积极一点；有没有改正一些劣习，有没有管制自己的舌头，不说伤人的话，不说谎、不打妄语；有没有克服积存心底的小小障碍？有没有彻底清除心中的尘渍？

反省是一种能力，需要学习、练习的能力。而最重要的，它是促使一个人认识自己的必需能力。

第二章

让细节成全你的婚姻

1. 从细节上制造浪漫

女人的感情是细腻而敏锐的，她们渴望在小事上感受到爱人的体贴和浪漫，因此如果你是一个粗枝大叶的男人就应该小心了，只有善于在细微处制造浪漫的男人才能更快地俘获芳心。

有两个小细节是你绝不能忽略的，否则就一定会引起爱人的不快，甚至会因此失去一段美好的感情。

（1）节日

女人重视节日，大家都有目共睹。特别是对待自己的生日，她们更是关心备至。所以聪明的你可不要忘了这"天下第一等大事"哦。

在自己的生日那天，收到了男士送来的礼物，她们会特别的开心，觉得自己受呵护，受关心，是举足轻重的，感到自己是世界上最幸福的人。当然，这样说有些夸张，但能得到女人的欢心是绝对可以肯定的。她们会很在意你记不记得她的生日，在她生日里你是否送过她礼物，又是否为她做了特别有意义的事情。

有一本书上这么写过："女人可以原谅你在平常的日子里对她关心不够，但绝不能容忍你忘记了她的生日，在她的生日对她不够好。""你在一年三百六十五天里，有三百六十四天对她足够的好，还不如在她的生日那一天对她好。"这话充分地体现了女性对生日是极为看重的。因此，要取悦于一个女人，不要忘记在生日那一天送一句祝福或寄一份贺卡。

女人爱幻想，喜欢幻想。她能容忍一个男人（男朋友）的所有缺点，但不能容忍他的不浪漫。特别是在生日那一天，她总希望能收到一个意外的惊喜，发生那种浪漫的情节。她们往往视生日为浪漫故事发生的纽带，重视生日那天发生的所有的事，如遇到过什么人，说过什么话，做过什么，收到过多少礼物，听到了多少祝福，哪种礼物或祝福使自己最为感动等等。所以，只要你能在生日那一天为她安排好一切，让她度过一个开心的生日，她定会回报你无穷的爱。安排一场精心的生日 Party，送几份意外的礼物，献上一打红玫瑰，或千里迢迢从远方赶来为她庆祝生日，把她带到海边看落日，在众人面前公开表示爱她……这些方法都能使她感动万分。

在这里，我们不用举详细的例子，因为自己的女朋友自己最清楚，根据她的性情、爱好，找到你自己觉得能够让她感动不已的庆祝方法那就足够了。

还有，不要以为你已结婚了就不必大费周折地去庆贺太太的生日，这是大多数男人经常忽略的一件事情。已婚的女人也非常重视自己的生日，她会以生日中你的表现来看你对她的爱是否减退。所以，不论平日里工作有多繁忙，在太太的生日里可一定不能忘记给太太一份祝福。

聪明的丈夫一定不会忽视太太的生日，会一如既往地为之庆贺。送她一束玫瑰，表示自己对她仍关心备至，这可给家庭平添一道浪漫的色彩，或准备一次温馨的烛光晚餐讲述当年的美好时光，又或者与孩子一起做一桌丰盛的宴席赞美她对于家庭的付出，这都会使太太更加爱你。你要向她表示，你的工作有多么忙，但你还会抽时间为她庆祝生日，这就能证明你对她的爱很深，而且十分感激她对你的照顾及对这个家庭的照顾，你会为她继续努力，你所做的一切都是为了给她更多的幸福。这时，妻子就会心满意足，觉得没有嫁错人，对你更是关怀有加，使这个家庭更加美满和谐。

她的生日是你大献殷勤的好时机，可要时刻记住这个特殊的日子哦，这可事关你的幸福大业。

（2）约会气氛

几乎所有的恋人在约会时，都期望创造出一种罗曼蒂克式的气氛。但令人惋惜的是，大多数的男人在这方面都还没有达到及格的标准！

在此，我们应首先谈谈罗曼蒂克式的行为、地点及事物，其中都必须含有"意外惊喜"的成分。在没有值得特别庆祝的时刻，送她一朵玫瑰花就很罗曼蒂克。如果你每个星期都送她一朵玫瑰花，送上几个月，就失去了罗曼蒂克的价值。恐怕有许多男人就是因为这样而失败的，他们成了习惯性的动物。

当任何事情，一旦成了例行公事，罗曼蒂克的成分自然也就荡然无存了，你绝不应该这样。可是，你知道有多少人还执迷不悟地被困在那呆板的约会上吗？你应该知道：如果总在一家餐馆吃晚饭，或单一的一顿晚餐或一场电影，她可能并不讨厌那家餐厅的口味，她也可能会愣愣地坐在那儿看电影，但总有一天，这无聊的重复的戏剧表演会宣告闭幕，她也会离你远去。

浪漫的情调，能渗入到任何一件你们所做的事情里。让我们丢掉以前那些过时的约会方式吧！谁还会要听那"某绅士邀请某淑女共赴舞会"之类的老掉牙的玩意儿呢？我们所需要的是寻求一套崭新的技巧和方法！

"约会"，并不仅仅是"一起到某个地方去"。它必须有某些"可行"与"不可行"的界限。当你晚上觉得电视节目太乏味，而终于决定带她出去走走，那实在不叫约会。或者说："嘿！你看看报纸今晚有什么好片子上映吗？"

这也不算是约会。女人希望一切由男人做主安排，征求她的意见，然后带她出去。如果你想依赖她来决定去哪里的话，那你们会磨磨蹭蹭，白白浪费一些时间。如果一定要由她要求你带她出去的话，你们将会丧失很多浪漫的情调。她希望自己成为你的特殊客人，换句话说，也就是你的女人，你愿意将一天或这一晚上的时间都献给她。当然，出其不意也不错，可是那种精心策划、巧妙安排的"出其不意"，有时反会弄巧成拙。比方说，你和她正漫不经心地散步到了某音乐厅前，节目正要开始了，你忽然建议进去看看那入场券早在两星期前就抢购一空的音乐会，而你口袋中恰有两张票。之后，你又有意无意地带她去一家十分高级的、并可以欣赏夜景的餐厅，门口排着很多人在等位子。天啦，你竟然预先订好了桌位。但是像这种约会不仅没有一点使人陶醉的气氛，反而会使人有不自在、不自然和受拘束之感。而且明明白白是你预先就安排好的"旧把戏"，一点也不新鲜，反而厌腻。

女人需要与自己的男人约会，是因为希望自己成为他的女人。一个约会代表着一个男人和一个女人，而非一群人。那种四人两对式的约会，只适用于大学生假期里的郊游，或者家庭主妇的花园俱乐部，而不适用于一对浪漫的情侣。如果每当你带她出去的时候，她总喜欢拉个伴的话，这很可能是因为你常忽视她的存在，未能使她有一种"她只想和你在一起"的动机和愿望，所以，她怕受你的冷遇，才有意这样做的。

有关约会，还有一件值得注意的事，那就是大多数的男性对约会的花费过于重视。他们认为一次成功的约会，足以使自己经济出现赤字。但事实却不尽然。也许你在一百个女孩子中也很难找到一个女孩以男人花钱多少来衡量每次约会的价值。也就是说，假如你认识的这个女孩，专以看你每次的约会中摆阔气、胡乱花钱为乐的话，那你大可以与她一刀两断，因为这样的女人太俗气，不值得去爱。

当然，如果你的兜里确实不怎么充裕，要想和女孩子约会，那你则必须选择一个"曲径通幽"之处，到那茂林修竹之地，畅叙幽情，创造罗曼蒂克奇迹，这样就可以尽情享受精神上的乐趣，去弥补物质享受的不足。通常，对于恋爱中的男女来说，精神上的满足比物质上的满足更为重要。避开众多人群，到那风景如画的地方去欣赏大自然的风貌，别有情趣，而且花钱也少，百去不厌，何乐而不为？

以女孩来讲，约会可以是一次简单的午夜散步，甚至你们可以借着月光，在河边谈谈心。当然，白天还可去郊外钓鱼，此时此刻也许谁也不会注意浮标动了没有。如此充满欢笑的日子，是多么令人陶醉啊！事后你可以对她说："我们去过哪里并不重要，唯有和你在一起，才是值得回味的。"这样女孩一定会被你深深感动，全心投入与你的感情。

你所认为的小事很可能就是女人心中的"大事"，所以在细微之处表现得更体贴，更浪漫一点吧！你的细心换来的将会是女人的倾心。

2. 给爱情留一点喘息的空间

情到深处，人就会变得敏感多疑，总想尽力去抓牢爱情，殊不知这样做正是犯了大忌，再真挚的爱情也该留点距离，给彼此一个自由的空间，刻意地把握只会失去爱情。

人们常常将婚姻比作围城，围城外的人想进去，围城里的人想出来。为什么有人想进去的地方，有些人却想从这里出去呢？因为相爱总是容易的，只要两情相悦，花前月下，海誓山盟总是很容易就可以做到的。但是真正相处在一起就是另外一回事了，由于性格、爱好、习惯各个方面的差异使两个人相处总会产生各种各样的矛盾。随着岁月的流逝，曾经认为浪漫温馨的举动如今看来也成了阻碍两人情感交流的障碍了。

当然，更重要的是围城里面的人失去了可贵的自由。想想当初做单身贵族的时候，想怎么做就怎么做，想怎么样就怎么样，而如今两个人相处就要迁就对方，要做很多以前自己不愿做的事情。而另外一些人呢，觉得对方对自己的照顾、关心成了限制自己自由的举动。

曾经有一对青梅竹马的夫妇，他们的关系非常好，可以说是如胶似漆，周围人都很羡慕他们。丈夫每天都会去妻子的公司接她回家，妻子公司的职员们都说她找到了一位好丈夫。但就是这样的夫妻最后却分道扬镳了，理由就是妻子认为丈夫的举动限制了她的自由，让她觉得丈夫不信任自己，感到自己就像个囚徒，时时在丈夫的监视之下，因此决定离开丈夫，拥有属于自己的空间。

两个人如何相处是个很大的学问，如何把握尺度是每一对伴侣必然遇到的问题。如果对伴侣过于限制，那么对方就会感到压抑，感到自己失去了自由，所以夫妻之间应该给彼此留一点空间，让伴侣能够更轻松愉快地与你相处。

有一位很爱丈夫的妻子，她觉得既然自己很爱丈夫，那么就应该无微不至地关怀他，从衣食住行到工作与交际，甚至丈夫有几个朋友，他们与丈夫联系了几次，都谈了些什么等等，事无巨细，她都要过问。在她看来，这才是真正亲密无间的体贴的爱。由于操心太多，她不但容颜憔悴，而且工作时，常常神情恍惚。

丈夫起初很感激妻子的细致与温情，然而，渐渐地他开始觉得有些厌烦，感觉到妻子对自己干预太多，信任太少，与妻子渐渐疏远，他对妻子说："你能否给咱们各自一点空间？你操那么多闲心，所以才总是显得很劳累。家庭就是一个舒适的放松之地，为什么要把咱俩都搞得那么紧张呢？"

妻子听了感到很痛苦，她不明白：为什么自己这样的深情却换不回来丈夫的真心？于是她开始关注各种爱情指南，偶尔翻一本书，上面有这样一句话："好的爱情是不累的。"于是她幡然醒悟，明白了：夫妻间必须留有一定的距离，不要使双方感到透不过气来。但是间距要适中，太远，"听"不见对方爱的呼唤；太近，"看"不到对方情的流盼。

有人用刀与鞘来比喻生活中的夫妻，说如果刀与鞘天天粘在一起，一点多余的自由和独立的空间都不给对方，那么最后就可能完全锈死了。虽然从外面看还有一个完整的形象，但是实际上早已经名存实亡。夫妻之间也是如此，如果彼此间没有独立的心灵空间，就会使爱情窒息而亡。

北宋著名词人秦观有句名言："两情若是久长时，又岂在朝朝暮暮。"这固然是对分居两地的夫妻的心理安慰，但未尝不是对终日厮守的情侣的醒世忠告。因为即使是恩爱夫妻，天长日久的耳鬓厮磨，也会有爱老情衰的一天。

有很多人高喊捍卫爱情纯洁的口号，将爱人紧紧绑在自己的视线之内，唯恐其越雷池半步。用这种方法维持下去的婚姻，好像是把家庭建成了一座不透风的监狱，而爱人成了囚在狱中、被判了无期徒刑的犯人。人生来谁不渴望自由，所以狱中的人总想出逃，这种做法等于是亲手将爱情送进了坟墓。

天长地久的爱，不是用誓言来为对方戴上手铐，而是用信任把他释放。真正的爱情无须你去限制，对方从爱上你的那一刻起，就已经没有了绝对的自由，因为对方心里牵挂着你，默默信守你们彼此的承诺，天涯海角总是思念着你，对方的身心被你占据着，这岂是全然的自由？在爱中，不要以为只有完全放弃了自己的自由，才是对爱情的忠贞。

据生物学家研究表明，豪猪喜欢群居，当它们为了取暖聚集在一起时，它们习惯性地希望贴得密无间隙。但它们身上的刺，使它们只得保持靠近但不紧贴的状况。很快，豪猪们发现，保持适当的距离，给彼此一点空间，其实益处很大：它既保证了它们不会因挤得密不透风窒息而死，也让它们拥有足够的温暖。"靠近但不紧贴"，这就是豪猪给予我们人类在爱情与婚姻中的启迪。

夫妻在一起时，并不是非要不停地说话，才能显示彼此情感的热烈。有的时候，夫妻也需要一点沉默，他们同处一个屋檐下，虽然各自忙碌着各自的事，但情感却可以通过空气、安谧的氛围、偶尔的交谈，在整个房间里传递。无言不等于无情，不说话也不代表遗忘。你陪在我的身边，活在我的记忆里。闻着彼此的气息，我们已经心领神会了我们的爱情，所以沉静也是一种美丽和多情。

还有人与人相处，应该允许对方有自己的隐私和秘密，即便是夫妻间也是如此。每个人的心里都有一片不可触碰的圣地，人人都有不愿回忆的往昔，人人都有无法或暂时不想对配偶言及的事，假如它的存在无关大局，不影响现在的夫妻情感，那就让它躺在尘封的记忆里吧。

保持距离就是在保持爱情的新鲜感，拥有相知相守的感觉就已足够了，何必非要二十四小时粘在一起呢？！给爱留一个适度的空间吧，这样婚姻才会圆圆满满。

3. 导致婚姻触礁的九个小·问题

很多时候，我们的婚姻生活之所以会出现问题，往往是由一些小错误、小毛病，甚至是一些被我们认为是合理的错误观念导致的，因此我们应当检查自己身上的问题，避免碰触婚姻禁忌。

（1）不能把婚姻建筑在浪漫基础上

一对情侣相互依偎着，看着夕阳西下，发誓永远忠于对方。此情此景曾激励着多少年轻人坠入爱河。但只要你对浪漫的婚姻逐一考察，就会发现其中多数都以非浪漫的离异而告终。以为婚姻可以延续浪漫进程的人几乎都是失望的。罗曼蒂克忽视了如下的事实：夫妻双方如果只迷恋于一见钟情的相思，而不去培养共同生活的兴趣和价值观，日久天长，就会对另一方生厌。夫妻感情应是慢慢燃烧着温暖心房的火苗，而不应是瞬间即逝的闪电。如果离开了互相关心、互相尊重、互相交流、互相适应对方的习惯和价值观，即使再炽烈的火苗也会很快熄灭的。热恋时不切实际的浪漫幻想恰是日后离异的定时炸弹。

（2）夫妻间需要更多的相处时间

事实永远胜于雄辩。据美国的一项调查显示：三千对婚姻美满、关系稳定的夫妇中，百分之九十以上的说，他们"共同生活和一起活动的时间很多"；而另外三千对离了婚的夫妇则埋怨他们"过去在一起生活和从事各种活动的时间太少了"。众多婚姻美满的夫妇认为，"促膝谈心不可能在很短的时间内进行"。这样，答案就再明确不过了，夫妻共同生活的时间数量远比时间质量来得重要，这就是所有恩爱夫妻的共性。

（3）婚姻不一定要夫唱妇随

许多人都认为夫妻应比翼双飞，这有利于夫妻进行感情交流。赵医生坚持要妻子同他一道去划船，其妻子小田却很想利用这段时间休息，但她勉强去了。

小田要去看一个朋友，坚持要丈夫陪她前往，丈夫对此不感兴趣，但还是答应去了。诸如此类，日复一日，他们终于发生了争执："你为什么要强迫我去做我不愿意做的事？"

有关专家研究证明，向对方施加心理压力，是感情恶化的先兆。现实生活是夫妻能在一起共事的时间至多只有百分之七十五，所谓的"比翼齐飞"、"夫唱妇随"在总体上不是使对方得到解放，而是给对方套上枷锁。真正的好夫妻应尊重对方的兴趣、爱好和安排时间的自由，在事业上也不要强其所难，而应以互补、互勉为好。应给对方以充分的自主权。

（4）不能要求别人对自己的感情负责

要别人对自己的感情负责，就是错误的。如果说一个人的幸福在另一个人的手里，这心情犹如餐桌边等着上菜一样，一旦没有你期待的那盘佳肴捧上，你会暗自埋怨主人。同样，要自己对别人的情感负责，也是一个愚蠢的错误。你要想使你的丈夫或妻子从你这里得到幸福，你就会曲意迎合、投其所好，慢慢地，爱情的甜水就会酿成苦酒。因为对方的需要你不可能未卜尽知。处处善察人意的人委实不多。另外，曲意迎合会使婚姻的真实价值受到破坏，许多人就是这样由热爱到伪善再到反目的。真正的恩爱夫妻应该把幸福的期望值在原有的水准上降下两码。

（5）郎才女貌未必恩爱

郎才女貌、性情一致的确不失为佳偶，但这仍然是罗曼蒂克的。即使不是，在此基础上缔结的婚姻也未必理想。心理实验证明，男女的审美观没有什么大的悬殊，那种认为男重貌女重才的观点实际上是错误的。男才可以吸引女性，但男貌也能补拙；女貌能吸引男性，但女才也能补丑。一时以显"才"捕获美女的丑男，在娇妻的潜意识中总留下不快的阴影。同样，徒做花瓶的妻子在生活中也会给丈夫带来无穷的烦恼。当然，才貌双全的伉俪也是有的，但若再加上个"性情一致"，就属罕见了。现实也常常为此作证：恩爱夫妻性情往往不一致，性情一致的夫妇未必恩爱。这里有一个阴阳互补、相辅相成的道理。

（6）患难或家庭危机不一定会使夫妻关系更加亲密

世上确有关系亲密的患难夫妻，他们恩爱相处，为人称道，但为数不多。研究证明，失业、家庭成员病重或死亡等往往伴随着夫妻的离异。因为很多夫妇难以承受家庭悲剧对他们情感上的打击，多用逃避现实的办法来对付。

（7）彼此不一定要坦白无私

有此心态的夫妇，常要对方无条件地忠于自己，要求对方在心灵上没有任何隐私。倘若偶尔心灵走私一些必会引发另一方的心灵震荡，也势必影响到婚姻。

（8）过于信任对方

一个硕士在结婚六个月后，他的朋友就注意到他的妻子经常与另一个年轻人在一起，便向他暗示他可能遇到麻烦。可他满不在乎地对朋友说："得了吧，我和他是多年的好朋友，他岂能人面兽心，夺我之妻？再说，我妻子对我坚定不移，我对我妻子也坚信不疑，你就甭操这份心了。"朋友指出："这位小伙子比你有许多优越之处，少年英俊，家境又好，涉世未深的女人是抵挡不了的。"可是，这位硕士却对朋友的忠告全当闲谈，不屑一顾。结果，没过多久，他的爱妻向他宣布：她爱上了那位小伙子，且已发生了关系，她要求离婚。这位年轻的硕士差一点儿没晕过去。

真正美好的婚姻应有一点儿不安全感。对爱人的忠诚绝对完全信任，经常会导致对方的不忠诚，更现实的看法是，夫妻任何一方都有可能屈从于外来的诱惑。如果你把你的爱人看得太老实了，认为对方不具有吸引力，那么这意味着连你也无法吸引，你就不会产生对你爱人应有的尊敬、兴奋和满足感。相反，如果你认为你的爱人具有魅力，那你就会增加对对方的关心，从而提高婚姻的美满度。

（9）离婚不一定会让你过得更幸福

诚然，寻找一个新配偶是件容易的事。首先，新配偶似乎具有原配偶没有的优点。一个男人会夸奖他的女友："我能告诉她许多事情，但我不能跟妻子说这些。"为什么呢？这是因为你和女友没有创伤与裂痕，没有你已学会回避的话题，但这并不意味着她有着你妻子所没有的优点。

事实上，准备离婚的夫妇如果想使生活过得美满和谐，总是可以挽救的，因为婚姻中值得留恋的地方有很多。何况通常来说，另选配偶并不能消除家庭矛盾，离婚后情况会更糟，因为对婚姻的不适是因为一方未能满足对方的某些需求，婚姻破裂时不但问题未能完全解决，而且随着配偶的离去，周围的人也会逐渐疏远。

不少再婚者也以自己的经历作为经验："早知道这样，我就会珍惜与原来配偶的生活了。"既然如此，何必当初呢？婚姻问题专家因此主张抵制婚姻"没有希望"的冲动念头。他们说，婚姻关系绝对无法继续时应该离婚，但也应该学会容忍成功婚姻中可能存在的种种缺点。

婚姻生活是琐碎平凡的，而损害婚姻的也正是一些不起眼的小问题，所以每对夫妻都应该在细微问题上多下功夫，这样婚姻的生命力会更加旺盛。

4. 好女人的爱情是全方位的

聪明的女人懂得，爱一个人就要爱他全部的道理，因此她们总能把家庭生活中的细节问题处理得很好，让婚姻更稳固，感情更深浓。

有人说，女人是男人的一面镜子，妻子怎么样是会影响到丈夫的。

妻子温顺贤良，老公一定宽宏大度，在众人面前拿得起、放得下。

妻子抠抠搜搜，老公一定斤斤计较，在同事的心里留下猥琐、狡诈的印象，想提升恐怕很难。

妻子若张家长、李家短，喜欢搬弄是非，老公肯定陷入漩涡，不仅会失去民心，以后做人都难。

妻子蓬头垢面，老公做事会杂乱无章，工作没有头绪，感情不能升华，你看我不顺心，我看你不如意。

妻子年老色衰，不善于修身养性，任破罐子破摔，老公会怀疑是不是走错了家门？所以，自然想找回恋爱时的感觉，想脚踏另一只船。

妻子不思进取，疑神疑鬼，对老公监视偷听，并限制老公的人身自由，老公还怎么与人交往？怎么让别人信任？

妻子一意孤行，对老公与异性的正常交往大加干涉，甚至大吵大闹，闹出一些笑话，平日丢尽了男人的脸面，老公还能不产生逆反心理？干脆你敢说我敢为，一不做，二不休，老公被赶入别人的怀抱。

妻子不懂得经营婚姻，不懂婚姻的精髓在于沟通和协调，不知道秉承中庸之道，老公一定无法回应，无法体谅，家里渐渐将被杂音弥漫。

所以，聪明的女人会用自己的行为去影响男人，全方位地去爱他，不断为感情加温。

（1）不盯住丈夫的钱袋不放

虽然财政大权由你掌管，但是男人也不喜欢只看重他们口袋里的钱的女人。所以尽管人人都知道钱是好东西，也应该稍加掩饰，不然的话，即便你每日为了柴米油盐辛苦忙活，也将得不到他的好脸色。其中的冤屈也就一言难尽了。

（2）不能盯住他的事业不放

男人的工作再差也是他的事业，都像比尔·盖茨和他的软件一样。一份工作的好坏只有他自己才能评说，你要参与评论，就会遭到他的严厉反抗，也许已经找好的新工作就会被他无原因地放弃了。

（3）不能盯住他的缺点不放

谁都希望自己完美无瑕，但这世界上根本就没有完美的人，所以也别打算会有完美的婚姻出现在你的身上。想想小的时候被父母指责，被老师训斥时的心情，你的他也一样只喜欢听好话，所以包容一些他的缺点，多表扬一下他的优点吧！也许这样他才会心甘情愿地为你洗衣服、拖地、收拾屋子。想想我们小时候被父母表扬爱劳动时，不也曾破天荒地抢着做了许多额外的家务吗？你的他也像孩子一样，只要哄着，明知上当也高兴。

（4）不仅仅关心丈夫一个人

人的本质就是社会属性，聪明女人知道可以独享男人的情感，却不必把男人的一切都霸为己有。

男人有的离不开他的家人，有的离不开他的密友。如果他是正常的亲情，既然爱他，你干吗不能容忍他与亲人和朋友间的正常往来呢？有一颗包容的心，是女人最为聪明的选择。

全方位地去爱男人，其中包括尊重他的爱好。每个人都有自己的爱好，这是一种心理需要，也是精神生活中必不可少的一个内容。作为夫妻，必须尊重对方的爱好，尽量满足对方的心理需要并提供一切方便，不要加以限制。

另外，对男人的家人及朋友要善待有加。一个人生活在社会上，要学习，要工作，自然会与同学、同事、朋友交往；而一个人在事业上的成功往往离不开别人的帮助，所以社交活动有其十分重要的意义。夫妻之间要允许对方有社交的自由，这不仅不会影响爱情的专一，还会因对方的尊重和信任，赢得更深的爱意。而那种不准爱人和别人交往、动辄醋意大发的做法，只会使爱人产生反感和厌恶，进而对家庭生活感到厌倦，从而给婚姻带来危机。

女人最聪明的做法是，既然决定了"爱屋及乌"，就要力争主动，比如到了年终，明明知道他要拿钱去孝敬父母，女人最聪明的选择就是好人做到底，主动提出并送上门去，这样不仅男人会对你心存感激，就连他的家人，也会对你无可挑剔。如果对他家人的某些做法不满，切勿喋喋不休，而应迂回避之。

别去批评他的父母。也许他来自一个不幸福的家庭，但你别以为，他可以批评自己的父母，你也可以唾沫横飞地跟着骂。如果你这样做，不久就会发现他又跟他们是同一国的了，只有你是敌人。

如果平时你不想同他一起去他父母家，一定要找一个合情合理让他面子上过得去的理由，如你告诉他"我好像生病了，今天很难受"或"工作需要加班"等等，但在元旦、春节等重大的节日以及他的父母生病时，你一定要去，否则你会伤害他和他家人的感情。

（5）不损伤丈夫的面子

男人需要有面子，也最怕失去面子，因此聪明的女人一定会注意维护丈夫的面子，让彼此关系更加和谐。那么，具体该怎么做呢？

对丈夫说话谦和。不要以为你告诉了他，他就会按照你的要求去做，当我们希望得到既定的结果时，一定要为对方的接受程度考虑。比如他在刷过牙后总忘记把牙膏盖盖上，你就多说几句"请"，而不要向他频频甩出"不要，不准"之类的话，那样他一定会欣然接受，而不会恼羞成怒，破罐破摔。

内外要有别。不管你在家里把老公当电饭煲还是当吸尘器，一旦涉及他的面子时，一定要小心谨慎，就像手捧一件古老、珍贵的瓷器。给他足够的面子，才能获得"高额回报"。

你的形象就是他的面子。如果你想给足男人面子，还要多多练心。你的修养，你的谈吐，你的风韵，你的容颜，你的智慧，你的笑容，都是陪衬男人面子的重要组成部分。要不然只有玉树临风没有佳人相伴，那面子最外层的金边该怎么贴呢？

上述小事做起来并不难，但它所起到的效果将是非常惊人的，你的丈夫会了解你是全心全意地爱着他，他也会因此回报给你更多的尊重和爱护。

5.二十五件小事为你的感情加温

每对夫妻都希望永浴爱河，然而随着时间的流逝，婚姻中的感情会慢慢变得平淡起来，因此我们应当利用小事增加生活情趣，给感情加温。

①创造点意外惊喜。出乎意料地使对方惊喜，常会起到感情"兴奋剂"的作用。因此，创造一点意外惊喜，对于增进夫妻双方感情很有好处。如瞒着对方，将他在远方的亲人接来会晤，为对方买一样很想得到的物品，为夫妻俩创造一个对方没有准备但却非常喜欢的活动等等，都可使意外惊喜油然而生，从而在惊喜中迸发出强烈的感情之花，掀起欢腾的爱情热浪。

②"小别胜新婚"。在过了一段平静的夫妻生活后，有意识地离开对方一段时间，故意培养双方对爱人的思念，再欢快地相聚。这时，就能使夫妻俩思念的感情热浪交织成愉悦的重逢狂欢，把平静的夫妻感情推向一个新的高峰。

③保持性生活新鲜。性生活是联络夫妻感情的重要途径，良好的性生活是巩固和发展夫妻感情的必要保障。不少夫妇婚后性生活老一套，缺乏创新，并导致感情钝化。所以，要创造新鲜的性生活方式，通过改变性生活的时间、地点、体位等办法，使夫妻双方都从永远新鲜的性生活中获得新鲜的感受，并使夫妻的感情之花永葆新鲜。

④谈心保持愉快的语调。不要相互对嚷和诅咒，要温柔善意地只说那些有益的字眼。每天都要交流这是最重要、最能表示关爱的形式。

⑤多在一起散步。一天花三十分钟锻炼身体、交流感情、放松情绪、交换意见、构想目标、消除误解。最好能手拉手。

⑥一起做一些新鲜有趣的事情。去一家新餐馆，吃一道风味不同的菜；听一场音乐会，度一个独特的假期；一起参加个学习班、学些你们两个都打算并盼望去学的东西。一起学习，你们会更加愉快。

⑦经常互送礼物。订阅一份杂志，买一本特别的书，洗个热水澡并按摩，送一束鲜花，共享奇特的经历，奉上喜爱的食品……

⑧写爱情便笺。把这些便笺藏在家中的各个角落——衣服里、口袋里、

厨房或抽屉里，以及一些秘密的地方。要运用你的想象力去制造惊喜。

⑨不要批评、谴责、抱怨，这是绝对不能干的事。只去赞扬，要对彼此间的关爱表示感谢。在爱情和持久的夫妻关系中，从来都没有消极性字眼的位置！如果你做出了一个好的榜样，你的爱人也会像你一样把事情做好的。

⑩拥有并保持理想的形象。这是送给你自己及爱侣的礼物。健康的、吸引人的身体也能对良好的夫妻关系起到促进作用。

允许你的伴侣对他自己的生活负责。他有权决定自己的现实和命运。尊重他的选择。你们两个都可以按照自己的方式去生活——和谐地生活；珍藏各自的相异点，尽最大努力使生活变得轻松，并给爱侣创造更多的乐趣。

共同成长。以相同的速度和方向成长——通过分享近似的观念、参加共同活动的方式。当你们的成长是建立在愉快记忆的基础之上时，你们的关系会更加亲密。

不要有太强的占有欲。做事时不要好像是你"占有"你的伴侣，要对彼此的生活方式和个人兴趣给予相应的支持与鼓励，要心存感激，和睦相处。

珍惜你们共度的时光。"这可能是我们最后一次在一起了"——用这种态度看待你们在一起的时光，你们便能总是更加欣赏对方。没有理由遗憾。一起花时间做所有那些你们两个都喜欢做的事情。

凡是可以令你们两个感到愉快的事，都可以做。在私生活里，对于你和爱侣之间所能做的事是没有限制的——只要你们双方都能受益且赞同。

开放些。对于新的观念、新的经历、新的社会关系开放些，这是你在生活中寻求欢乐、获得成长、拓展交际面的方法。你们在一起学的越多，你们就会越快乐。

杜绝无谓的争吵。不管是在哪里、在什么时间，都不可争吵，尤其是当你们吃饭睡觉时。每个人都有权拥有自己的观点。尊重对方的观点、人生观和对生活的看法。

让笑容与笑声常伴。这是长寿和健康的处方。对你自己和你的爱人不要太严肃，更多地面带微笑和开怀大笑。记住，你们的微笑是给予彼此真正的礼物。

经常相互凝视。在你爱人的眼睛里看到爱情、忠诚和美丽。你们含情脉脉凝视得越多，你们爱得也就越深！天天如此。这个方法既有效力又有乐趣！

每天相互温柔地触摸。拥抱、亲吻、爱抚，这些都是表现爱与关怀的极好方式。我们都需要这些——比我们愿意承认的还要需要！

保持健康的生活方式。良好的食物能够促成良好的心态，这有助于建立更加富有意义的规律关系。多吃水果、蔬菜、谷物、高维生素、低脂肪、低热量的食品。多喝水，多休息，要让你的食物保持清洁、有营养和比例平衡。

使你的家、车、厨房、厕所、房间都保持简单整洁、干净有序。这有助于创造一个安宁的环境，使家庭生活更加和睦、幸福。这真的很有效果！着手做吧，现在就开始！

尽量装扮。装扮得要得体、整洁、干净，对你的外表感到自豪。你看上去，尤其是在公共场合看上去如何，也会增添你爱人的外在感染力和选择的机会！

对于经济问题要相互通气。要和爱人相互通告你们的经济问题，如果你们家做生意，要相互通告利润、损失、花费等等。你们的经济重心要放在一起，这会有助于你们建立在相互信任和苦乐同享基础上的夫妻关系得到加强。

完全接受对方。确切地说，要接受对方的性格、习惯、脾气。不要试图改变对方的独特之处。如果当他想要改变时，允许他改变，这能促进持久的和睦。

爱情是需要努力经营的，我们应当努力让平淡无味的生活变得温馨浪漫起来，让爱情之花开得更鲜艳。

6. 别忽视了他坚强外表下那颗脆弱的心

"再坚强的男人也有权利去疲惫！"刘德华的一曲《男人哭吧哭吧不是罪》不知触动了多少男人内心最深处那根脆弱的弦。社会道义赋予了男人一个至高无上的责任——坚强，由此，男人便没有选择，义无反顾地挑起了一个又一个重担。男人无时无刻不在掩饰内心的脆弱。因为他是男人，他必须以坚强的面目示人。

尤其是婚后的男人，他要撑起这个家，他要让老婆过上好日子，他要让孩子接受最好的教育，他要让双方的父母后顾无忧地颐养天年……

这种无法逃避的责任犹如一面旌旗，或者战斗的呼唤，成功地激励着男人们勇敢地去接受严峻的考验、克服困难，显示自己的刚毅。他就这样抑制了自己隐秘的真实的情感需求。当他力求克服恐惧和抵触心理引起的强烈反应时，他非但一无所获，反而为婚姻关系的破裂留下隐患。当婚姻关系濒临崩溃，实际上已到了不可挽回的地步时，这些被压抑的抵触情绪，会像洪水一般冲开感情的闸门。只有到这时，他才回忆起昔日的情感，认识到自己当时产生抵触情绪的真正原因。然而在这之前，他的绝大部分精力都花在了压抑、克服自己的不满情绪并把其合理化上面。

男人就是这样把自己的脆弱隐藏起来的。遗憾的是，女人却并没有真正放在心上。

为了维持婚姻关系，他还要继续忽视自己的真实情感。当他感到心烦意乱的时候，他会强忍过去，不了了之。有时下班后不想回家，但为了尽丈夫的责任，还得勉强回去，哪怕到家后内心充满了不快，精神萎靡不振，沉默寡言。白天，即使他满心不愿意，也要从办公室打电话给妻子，因为他感到妻子有这个要求。周末，他得烧菜做饭，跑腿打杂，修修补补，然后完全消极地坐在电视机前，努力去扮演一个称职的丈夫和父亲，当他和妻子一道与其他夫妇交往时，他又得扮演好客的主人或招人喜欢的客人，而实际上他对此毫无兴趣。

所以，他的许多行为都是违心的，只是为了满足他克服、否定和文饰消极情感的需要，这使得婚姻不可避免地变为沉重的负担，以致最后破裂。只有到那个时候，他才让长期受压抑的恼怒迸发出来。然而，在这之前他总倾向于自我仇视、自我诋毁，恨自己没有达到预期的目的，懦弱无能，或者没有像他所想象的那样，与妻子相处得更好。因此，一些自我诋毁的话，如："你是个自私的家伙！"或"你根本不懂得爱！"以及有关这方面的各种指责，像一颗颗铁钉，将他牢牢地钉在婚姻的十字架上。

男人始于新婚的内心抵触情绪，并非幼稚和不负责任，而是一种有益的内心冲动。这对年轻人来说，无疑是真实的，而男人二十多岁就被父母敦促结婚，这真是我们社会生活中男性的一大悲剧，因为他的情感远没有得到充分发展，青春年华匆匆度过，职业和思想没有得到足够的教育，也没有获得较为可靠的经济立足点。早婚将压抑的情感和经济负担压到了他的头上，束缚了他的手脚，使他陷入一种仅仅只能维持生存的生活方式中，身心都受到了摧残。

从男性早期的心理状态来看，他们的婚姻似乎没有很好的基础能使他们得到极大的满足。事实上，在男性早期的心理条件下，要实现美满的婚姻，几乎是不可能的。对于男孩儿，从小就要求他富有进取、创造、挑战、奋斗及探求的精神。而女孩儿则可以从洋娃娃、过家家之类的游戏中获得快乐和教益。一般说来，男性很少参加这类活动。不管两性间这些早期心理条件的差异是好是坏，它们毕竟反映出了男性婚姻心理的实际状况。

准确地说，正是由于两性间的这些心理条件的差异，男性时常感到对扮演成熟的婚配角色力不从心。他经常为适应情况以达到预期的目的而努力，但这与他早期所受的教育相去甚远。只有改变自己固有的生活节奏，强迫自己变成另一个人，这样他会产生一种被压迫、被掠夺感，但在他人眼里，却被看作一位标准的男士，人们经常听到女人抱怨她们在婚姻中是受压迫的一方，这显然是不完全正确的。虽然她被婚姻所束缚，但男人的心也很脆弱，因为男人在情感上对结婚还缺少充分准备，更易否认和压抑自己的个性。

这就是你身边那个既坚强又脆弱的男人，关于他的苦衷你了解多少？做女人不容易，做男人就没有难处？将心比心，关心一下婚姻中的这些小细节，做一次换位思考，小心善待你的男人吧！

7. 夫妻沟通要注意细节

婚姻中的沟通是一门学问，良好的沟通可以使夫妻建立信任理解，使彼此更加亲密，反之，婚姻就容易出现问题。在生活中，夫妻间的沟通往往存在误区，很多人认为夫妻间说话不必太注意细节，事实上只有注意细节，夫妻间才能实现良好的沟通。

我们知道，谈恋爱时的卿卿我我，心心交融来源于两颗敏感的心灵渴求了解，渴望交流；结婚后，以为两个人已融为一体，已经没有沟通的必要了。

其实，又有谁能完全了解自己呢，更不用说去了解别人了。生活中充满了未知数，人的心灵更是在不断地变化，只有保持一颗敏感的心灵，才能不至于相互隔膜。心灵永远是生动的、变化的，婚姻并不代表心灵的融合。因此，我们必须通过良好的沟通，把两颗心灵联在一起。

那么怎样才能实现良好的沟通呢？

做丈夫的切莫仅仅认为沟通不过是说说话而已，其实里面大有学问，在与妻子谈话时，最好不要忘记以下几个细节：

①常常回忆恋爱时两人在一起谈话的情形，在婚后仍然需要表现出同样程度的爱意，尤其要将你的感受表达出来。

②女人特别需要跟她认为深深关怀呵护她的人谈话，以表达她对事物的关切与兴趣。

③每周有十五个小时与另一半单独相处，试着将这段时间安排得有规律，成为一种生活习惯。

④多数女人当初是因为男人能挪出时间与她交换心里的想法与情感，才爱上他的。如果能保有这样的态度与心意，继续满足她的需求，她的爱就不会褪色。

⑤如果你认为排不出时间单独谈话，多半是因为你们在安排事情的轻重缓急上有问题，同时在设定的谈话时间里，最好不讨论家庭的经济问题。

⑥不可以利用交谈作为处罚对方的方式（冷嘲热讽、称名道姓、恶语相向等等），谈话应该具有建设性而不是破坏性。

⑦不要用言语来强迫对方接受你的思考方式，当对方与你想法不同的时候，要尊重对方的感受与意见。

⑧不要将过去的伤痛提出来刺激对方，同时要避免僵持在目前的错误里。

⑨配合对方有兴趣的话题，也培养自己在这方面的兴趣。

⑩谈话之间也是有平衡的，避免打断对方的谈话，试着把同样的时间留给对方来发言。

做妻子的，在同丈夫沟通中也应当注意以下细节问题：

赞赏他已经做了的事，而不要眼睛总是盯着那些他还没做的。

做他最坚定的支持者。

采取主动，更积极地营造一些属于夫妻两人的特殊时刻。

即使他有弱点、缺点也能接受，无条件地爱着他。

允许他留一些时间给自己。

当他帮了你时，请向他表示感激。

主动地拥抱他、吻他，对他说：我爱你。

他下班回家后，让他能有机会放下手中的公文包，喘口气，彼此问候几句，然后再向他诉说你的烦恼和问题。

亲手烹制他最喜欢吃的菜肴。

用甜美的微笑向他打招呼。

在庆贺他的生日上大做文章。

私下温柔地给他指正缺点，而不是当着别人的面顶撞他。

听他说下去，不要想当然地认定他在想什么或会说什么，不要打断他的话。

一对相互厮守了五十年的恩爱夫妻，从自身的婚姻中又总结出了另外的十条"黄金定律"。这些出自切身感受的沟通技巧，对渴望达到完美、和谐沟通的夫妻来说，是一笔丰厚的财富。

①千万不要双方同时发怒。

②千万不要彼此吼叫，除非是家里失火了。

③若非有一方已在争执中占上风，否则就让让他吧！因那是你的另一半啊。

④除非你必须指责对方，否则就必须是出于爱心的劝诫。

⑤不要重翻旧账，老提对方的不是之处。

⑥宁可忽略了全世界，也不可忽略你的另一半。

⑦不要在争执未获解决之前上床就寝。

⑧每天至少向对方说一句温柔或赞美的话。

⑨当你做错事时应立即承认你的不是，并请求对方的原谅。

⑩记住！"一个巴掌拍不响"，论到吵架双方都有不是之处。

另外，在夫妻沟通之中，有些话是绝对不能讲的，这些话就是：

责怪的话。婚后夫妻长期生活在一起，会发现对方的不足，甚至有做错事的时候。要体谅对方，不要不分场合在人前责怪爱人，这往往会引起反感和不快，如同火上浇油，做错事本来就后悔，这样势必伤害夫妻感情。

脏话。它是夫妻之间的百祸之源，夫妻之间争吵，切忌出言不逊。骂人之所以使人气恼，是因为骂人的话最难听，使用的都是污辱人格的语言，既损伤对方的自尊，也毒害了子女的心灵。

谎话。夫妻间应以诚相待，不说谎话。相互信任才是爱情巩固的基石。生活中因一句谎话引起夫妻隔阂和产生夫妻矛盾的事例并不少见。

绝情话。俗话讲"舌头和牙齿也有摩擦时"，夫妻之间争吵是常事，但不要说过头话、绝情话。如"我后悔嫁给你"、"我那时怎么瞎了眼"、"你滚开"、"你滚回家去"等，甚至把"离婚"整天挂在嘴上。婚姻是一件十分严肃的大事，是两个生命的以身相许，一句伤心话，说者无意，听者有意，就易产生隔阂。

揭短话。夫妻之间贵在相互理解、相互信任、相互尊重。聪明的人经常夸奖自己的爱人，满足爱人的心理需求，因而深化了夫妻感情。但生活中有一些家庭，夫妻好揭短，真要不得。每个人都有他的长处和短处，谁都不愿意他人触及伤痛，更怕自己的亲人揭短。如果说，连自己的爱人都小瞧自己，心灵所受的伤害将有多大？

记住，夫妻间一定要加强沟通，特别是有了意见和矛盾的时候。如果你能在沟通中多注意以上细节问题，那么你们的沟通一定更愉快。

PART 2

把住细节关，
铺平交际路

　　有人说，我把自己管好就行，交际那一套我不在乎。这种想法、做法会让你吃尽苦头，因为在现代社会中你不可能孤立于社会关系之外而独自生存，从某种意义上说，你与他人的关系决定了你的社会地位。当然，重视人际关系也要有的放矢，我们提倡的关注细节可以强化你的人际交往能力。

第四章

让细节给你带来好人缘

1. 平时结人缘，难时好求人

　　求人办事靠的就是好人缘，一些人之所以觉得求人办事难，就是因为他们平时不注意人际关系，遇到困难的时候，自然也就没人来帮他。所以办事成功很大程度上靠的是平时关系的积累。

　　那么怎样才能在平时结下一个好人缘呢？

　　（1）对人以诚相待

　　与他人交往要以诚相待。虚伪、表里不一的行为只会被人疏远。诚实是你赢得好人缘的第一原则。

　　诸葛亮高卧隆中，自比管乐，抱膝长吟，略无意于当世。他与刘备原是素昧平生，谈不上有什么私人友谊。但刘备知道诸葛亮是杰出人才，一心想收为己用。他不顾自己中山靖王之后、汉室子孙的身份亲自去访问诸葛亮，一连去了三次，才得相见，这种做法，十足表示他的诚挚。诸葛亮无意当世，原是找不到合意的主子，待见刘备有重建汉室的雄图，对他又万分诚挚，便放弃高卧隆中的想法，以身相许，虽几经挫折，绝不灰心，到后来竟以"鞠躬尽瘁，死而后已"自矢。可见诚挚动人之深。

千万不要对别人使用欺骗手段，人无诚不信、无信不诚，你要诚，必先要修身，修身乃能立信，立信乃能行诚。因此，劝诚欲求人者，一生不要欺骗别人，免得别人对你抱有成见而发生不必要的怀疑。"汝也不爽，士贰其行，士也罔极，二三其德。"对配偶的不信，还会遭到怨恨，何况是朋友呢！你应该增加你的诚，直到足以打动对方的心为止。任何事都要"反求诸己"，不必"求诸于人"，这是用诚挚去感动他人的唯一方法。

（2）对人守信用

许多人都有过这样的经验：与好友约定相见，老是迟到；但和客户谈生意时，却一定比对方早到。这样的人总认为彼此既是好友，守不守时无所谓，而纵容自己的疏失。实际上，这样做只会失去朋友的信赖，友谊肯定会因此而逐渐疏淡。因此，赢得好人缘的又一条原则就是始终保持守信用的美德。

不论公事或私人的约会，不遵守约定的日期或时间，对方基于友情不会露骨地表示不满，但在心中定会感到不悦。如果只限于此，倒还是幸运的事，担心的是因此视你为没有修养的人而不愿继续深交。

不守信用的人，往往会被视为一个连交往中最起码的道德都不遵守的人。对于那些平时负责任的人，他们认为对方也该如此，所以会拒绝言行不一致的毛病，这在与人交往上是非常有利的。

（3）说话不要得罪人

说话把握分寸，别得罪人，是一个人获得好人缘的第一准则。不去提及他人平日认为是弱点的地方，才是待人应有的礼仪。尤其是身体上的缺陷，本人几乎没有任何责任，同时也是事出无奈，所以千万别用侮辱性的言语，攻击他人身上的残缺。

可是，生活中有些人盛怒时往往忘了自身形象，忘了失去人缘可能会给自己带来的损害。平日相当友善的同伴，不至于和你反目成仇，但日后你再找他办事，可能就不灵了。有些人，为了公司的前途，不得不牺牲别人——对于商场来说，"得罪人"意味着调职、冷冻开除等人事变动的宣告。如果，你也是经商人士的话，"得罪人"就是代表对方的拒绝往来或"关系冻结"。

（4）广交朋友

赢得好人缘还要有长远眼光，要在别人遇到困难时主动帮助，在别人有事时不计回报，"该出手时就出手"，日积月累，留下来的都是人缘。冷庙烧香，有备无患，这是赢得好人缘的又一个原则。

平时不烧香，临时抱佛脚，菩萨虽灵，也不会来帮助你的，因为你平时心目中没有菩萨，有事儿才去找，菩萨哪肯做被你利用的工具！所以你请求菩萨，应该在平时烧香，表明你别无希求，不但目中有菩萨，心中也有菩萨，你的烧香，完全出于敬意，而绝不是买卖，一旦有事，你去求他，他对你有情，才会帮忙。

人情投资最忌讲近利。讲近利，就有如人情的买卖，就是一种变相的贿赂。对于这种情形，凡是有骨气的人，都会觉得不高兴，即使勉强收受，心中也总不以为然。即使他想回报你，也不过是半斤八两，不会让你占多少便宜的。你想多占一些人情上的便宜，必须在平时往冷庙烧香。平时不屑到冷庙烧香，有事才想临时抱佛脚，冷庙的菩萨虽穷，绝不稀罕你上这一炷买卖式的香。一般人以为冷庙的菩萨一定不灵，所以成为冷庙。殊不知英雄穷困潦倒，是常有的事，只要风云际会，就能一飞冲天，一鸣惊人。

靠个人力量以求发展，则发展有限，多与各方朋友结缘，则发展的后劲没有止境。一个人可以有好几种投资，对于事业的投资，是买股票；对于人缘的投资，是买忠心。买股票所得的资产有限，买忠心所得的资产无限；买股票有时会吃倒账，买忠心始终能把事儿办好；股票是有形资产，忠心则是无形的资产。"纣有人亿万，为亿万心，武王有臣十人，唯一心。"纣之所以败亡，武王之所以兴周，就在于有没有这份无形资产，"得天下者得其人也，得其人者得其心也，得其心者得其事也。"

（5）千万不要情绪化

一个情绪性太强的人大多被认为神经质，这种人易给人造成一种不合群的感觉，人缘也便随之而去。只有言谈举止始终保持常态，在公开场合上随圆就方，才会在社会上取得别人的认同。这种随圆就方，是赢得好人缘的又一个原则。

我们平时所遇到的事情或大或小，或间接或直接，其中涉及原则的事本没有多少，在一些无关痛痒的小事上犯不上与人斤斤计较，特别是感情用事。比如单位里某个同事就萨达姆的好坏谈了一种观点，虽然他的观点过于偏颇，你也没有必要情绪激昂地去与之辩出个甜酸来，因为一句话两句话伤了感情，实在没什么必要。

（6）别盲目炫耀自己

生活中，要注意谦虚待人，不要把自己的长处常常挂在嘴边，老在人前炫耀自己的成绩。如果一有机会就说自己的长处，无形之中就贬低了别人，结果反被人看不起。切忌夸夸其谈。有人在与别人交往中，为了显示自己"能说会道"，便喋喋不休，没完没了地长篇大论，这种人会给人以不够稳重的印象。

力避憨言直语，用词要委婉，要融洽各方意见，不要只凭自己的主观愿望，说出不近人情的话，否则，是得不到别人好感和赞同的。只有言辞婉转贴切，才有利于融洽感情，给人留下难忘的印象。

人缘的好坏会直接影响到你办事的能力和水平，如果不希望自己在临时有事时孤立无援、求助无门，那么平时就一定要尽己之力广结善缘。

2. 嫉妒别人会自毁人缘

嫉妒虽然是小毛病，但却会给你极大的伤害。它是一股祸水，会使你头脑发昏、丧失理智，招来别人的厌恶。因此，你要时时提醒自己，嫉妒别人就是在毁坏自己的良好形象。

卢梭说："人除了希望自己幸福之外，还喜欢看到别人不幸。"这句话不仅道出人类容易嫉妒的心理，对人类幸灾乐祸的想法更是一针见血。

嫉妒往往源于私心。如果真正大公无私，能全方位考虑问题，就不会产生嫉妒心理。能如此，他人会为你的崇高而由衷地喜悦，并以"见贤思齐"来要求和勉励自己。不嫉妒不仅会激励别人，更能培养自我。

荀子说："君子以公理克服私欲。"孔子说："君子明于道义，小人明于势利。"义，是天理所应实行的；利，是人情所应思索的。君子根据天理行事，便没有人欲的私心，所以能泛爱。小人放纵私欲，不明天理，所以嫉恶别人。

嫉妒是一种慢性"毒药"，可以使人不辨是非。对人无端生怨，对己则身心俱损。嫉妒是产生"恶毒仇恨"、"无名怒火"的重要根源。嫉妒会毁了自己，也会伤害他人。

有一个画家，他的作品有一定的影响，同时也给自己带来不菲的收入，但他从不看重这些，也不嫉妒他人——他的座右铭是"我永远是个小学徒"。他追求艺术的理想还像童年那样执着单纯，他追求成功但绝不嫉妒比他更成功的人，也许他成功的奥秘正在于此。

而生活中，我们见到最多的却是那些因嫉贤妒能而变得丑陋的人："他不是比我强，老受表扬嘛，这次我就不帮他了，看他能比我强到哪里去！"

你知道什么是螃蟹心理吗？你知道渔民们怎样抓螃蟹吗？把盒子的一面打开，开口冲着螃蟹，让它们爬进来，当盒子装满螃蟹后，将开口关上。盒子有底，但是没有盖子。本来螃蟹可以很容易地从盒子里爬出来跑掉，但是由于螃蟹有嫉妒心理，结果一只都不能跑掉。原来当一只螃蟹开始往上爬的时候，另一只螃蟹就把它挤了下来，最终谁也没有爬出去。大家不用想就知道它们的结局：它们都成了餐桌上的美味佳肴。

人一旦嫉妒起来就好像那些螃蟹一样。嫉妒的人以消极的人生观为基础，他们信奉你好我就不好的信条，所以这种心理常常给人际关系带来破坏性的影响。

嫉妒的起因是我们发现别人比我们做得更好，别人比我们拥有的更多。嫉妒有推动力，但是它不能给我们正确的导航。它给我们指明一条道路，但是却让我们去妨碍和伤害别人。还记得《白雪公主》中那个原本很美丽的后母吗？因为嫉妒白雪公主比自己美丽，就狠下毒手，最后自己反倒被气得鼻歪眼斜，成了一个真正的丑女人。用拖别人后腿的方式来赢得胜利或者至少保持不输是非常愚蠢的做法。

嫉妒使我们放弃对自身利益的关注，别人的优势恰好映照出我们的不足。想要完成一个健康完善的自我的塑造，必须懂得为自己加油。去拖别人的后腿只会使别人和我们一样差劲，而不会使我们获得进步。

嫉妒是发生在自己最熟悉的圈子里的，我们普通老百姓不会去嫉妒国家首脑所拥有的特权、亿万富翁所取得的财富，但我们却不能容忍周围的人超越我们半步，故而这种心理会对我们造成切实的伤害。你只要发现别人进步比你快，运气比你好，你心中便酸溜溜的不舒服，说话也不自觉地尖刻起来，甚至还会做出一些小动作，这样的行为方式谁还会同你在一起互帮互助？到头来只能伤害到自己。

每个人都难免会有些嫉妒心在作祟，因此，看到别人发生不幸，有时候幸灾乐祸的感觉就会油然而生。这种情况，最常发生在那些与我们有利害关系的人身上，因为他们罹祸，我们就会觉得似乎又少了一个竞争的对手了。

但是，我们却忽略了他人在成功之前所付出的汗水与努力，因此，每个人都应该扪心自问：自己是怎么规划人生的？目前自己的工作充满了挑战与成就吗？自己在工作中，能否获得学习与成长的机会？与别人相比，自己是否有一些突出的特质？然后，将自己未来真正想做的事情，或是欲追求的目标记录下来。例如，希望身旁拥有什么样品质的益友？希望从工作中还能多学习到什么知识或技能！未来希望过什么样的生活？请将所有的梦想个体化，目标明确化吧。

当一个人成功的时候，其实往往代表了全人类的成功。爱迪生成功地发明了电灯，莱特兄弟成功地试飞了飞机，爱因斯坦发现了相对论等，这些成功的事例最后都给全人类带来了便利与福音。因此，莫嫉能妒贤，请为他人的成功感到骄傲，为他们喝彩吧！

不要只把嫉妒当成无关紧要的小毛病、小问题，细节可以决定成败，嫉妒之花往往会结出最难以清除的恶果。

3. 让仁爱宽容为你的形象加分

快节奏的都市生活使一些人变得越来越冷漠，越来越爱计较，而他们自己似乎对此毫无察觉，于是他们成了别人眼里的"刻薄的人"。何必因为一些小事让人厌烦呢？如果你能在待人处世时更宽容仁爱一点，你就会赢得更多人的喜欢。

要知道人性之美在于宽容、仁爱，这种内在的形象比外在的形象更为重要。

中华民族传统的道德观念就是以"仁爱"为核心的。不过这个仁爱不是爱无差等，人人兼爱的，它主要集中表现为以个人为基点，以家庭为中心，由内及外，层层推进的一种关系。这种关系就好比扔一块石头到水里，激起波纹层层向外推衍，越是向外，其推力越弱，也就是对于与自己关系越疏远的人，仁爱的程度就越小。这样一种伦理关系，十分适合我国传统社会的经济结构和状况，因此数千年来长存不衰。因为我们的生存是以家庭为背景，在一个家庭里，依照这种道德关系，亲父母甚于兄弟，亲兄弟甚于邻里，亲邻里又甚于老乡，这对于维护家庭的和睦，保证生活的正常运转，都是自然而且有好处的。

但是，令人感到无可奈何的是，自从进入商品时代，步入现代社会，人与人之间的交往在范围程度上远较古代更广更深，因此我们也应当把宽容仁爱之心扩展开来，因为善良的人才能比较正确、客观地看待、认识各种社会现象，才能比较冷静、稳妥地处理各类事务，才能让人乐于亲近和来往，一句话，善良的人才是美丽的。

生活中，你应该注意检讨自己，不要总对别人满怀敌意，不要把它当作无关紧要的小节而忽略。待人处事表现得更宽容、仁爱一点，你将因此而广受欢迎。

4. 小事不必争得太明白

生活中，我们不要总是遇事就争个明白，一些无关紧要的小事就让它过去算了，为此斤斤计较、争论不休反而会损害自己在众人眼中的形象。

寺庙中的两个小和尚为了一件小事吵得不可开交，谁也不肯让谁。第一个小和尚怒气冲冲地去找方丈评理，方丈在静心听完他的话之后，郑重其事地对他说："你说的对！"于是第一个小和尚得意扬扬地跑回去宣扬。第二个小和尚不服气，也跑来找方丈评理，方丈在听完他的叙述之后，也郑重其事地对他说："你说的对！"待第二个小和尚满心欢喜地离开后，一直跟在方丈身旁的第三个小和尚终于忍不住了，他不解地向方丈问道："方丈，您平时不是教我们要诚实，不可说违背良心的谎话吗？可是您刚才却对两位师兄都说他们是对的，这岂不是违背了您平日的教导吗？"方丈听完之后，不但一点也不生气，反而微笑地对他说："你说的对！"第三位小和尚此时才恍然大悟，立刻拜谢方丈的教诲。

以每一个人的立场来看，他们都是对的。只不过因为每一个人都坚持自己的想法或意见，无法将心比心、设身处地地去考虑别人的想法，所以没有办法站在别人的立场去为他人着想，冲突与争执因此也就在所难免了。如果能够以一颗善解人意的心，凡事都以"你说的对"来先为别人考虑，那么很多不必要的冲突与争执就可以避免了，做人也一定会更轻松。

因此，凡事都要争个是非的做法并不可取，有时还会带来不必要的麻烦或危害。如当你被别人误会或受到别人指责时，如果你偏要反复解释或还击，结果就有可能越描越黑，事情越闹越大。最好的解决方法是，不妨把心胸放宽一些，没有必要去理会。

比如对于上班族来说，虽然人和人相处总会有摩擦，但是切记要理性处理，不要非得争个你死我活才肯放手。就算你赢了，大家也会对你另眼相看，觉得你是个不给朋友留余地，不尊重他人面子的人，于是你会失去真正的朋友。

2002年三月，一位旅游者在意大利的卡塔尼山发现一块墓碑，碑文记述了一个名叫布鲁克的人是怎样被老虎吃掉的事件。由于卡塔尼山就在柏拉图游历和讲学的城邦——叙拉古郊外，很多考古学家认为，这块墓碑可能是柏拉图和他的学生们为布鲁克立的。

碑文记述的故事是这样的：布鲁克从雅典去叙拉古游学，经过卡塔尼山时，发现了一只老虎。进城后，他说，卡塔尼山上有一只老虎。城里没有人相信他，因为在卡塔尼山从来就没人见过老虎。

布鲁克坚持说见到了老虎，并且是一只非常凶猛的虎。可是无论他怎么说，就是没人相信他。最后布鲁克只好说，那我带你们去看，如果见到了真正的虎，你们总该相信了吧？

于是，柏拉图的几个学生跟他上了山，但是转遍山上的每一个角落，却连老虎的一根毛都没有发现。布鲁克对天发誓，说他确实在这棵树下见到了一只老虎。跟去的人就说，你的眼睛肯定被魔鬼蒙住了，你还是不要说见到老虎了，不然城邦里的人会说，叙拉古来了一个撒谎的人。

布鲁克很生气地回答：我怎么会是一个撒谎的人呢？我真的见到了一只老虎。在接下来的日子里，布鲁克为了证明自己的诚实，逢人便说他没有撒谎，他确实见到了老虎。可是说到最后，人们不仅见了他就躲，而且背后都叫他狂人。布鲁克来叙拉古游学，本来是想成为一位有学问的人，现在却被认为是一个狂人和撒谎者，这实在让他不能忍受。为了证明自己确实见到了老虎，在到达叙拉古的第十天，布鲁克买了一支猎枪来到卡塔尼山。他要找到那只老虎，并把那只老虎打死，带回叙拉古，让全城的人看看，他并没有说谎。

可是这一去，他就再也没有回来。三天后，人们在山中发现一堆破碎的衣服和布鲁克的一只脚。经城邦法官验证，他是被一只重量至少在五百磅左右的老虎吃掉的。布鲁克在这座山上确实见到过一只老虎，他真的没有撒谎。布鲁克在这场争论中取得了胜利，不过代价却是他宝贵的生命。

急于证明自己清白而为一些小事一争到底的人是愚蠢的，这样做只会白白地损害自己的形象，惹人耻笑。如果你能更大度一点，对这些无关紧要的小事一笑置之，那么你一定会赢得更多人的尊敬。

放弃凡事争个明白的傻念头吧，真正的智者从不会为小事斤斤计较，他们总是坚持走自己的路，不管别人怎样评说，而时间最后总会证明他们是正确的。

5. 亲戚还要常走动

求人办事时，亲戚是我们容易求助的对象。生活中很多人对亲戚尤其是一些关系较远的亲戚，常常是没事不走动，有事再登门，就是这个小细节，让他们办事的成效大打折扣。亲戚平时就要常来常往，有事时才好求助。

郭力今年二十九岁了，能力很强，做过几年的生意，小发了一笔。但他不满足，总想干个大点的才过瘾。刚好村里的鱼塘要对外承包，他有心把鱼塘承包下来，只是手头的资金不够。

他左思右想，想到了他的一个远房亲戚，是他母亲的表弟，按辈分应该叫老舅的，在县城承包了一个企业，经营得不错，是县城有名的"土财主"。这位老舅倒是有能力拉他一把，只是关系疏远，好长时间没有走动了，贸然前去，显得突兀不说，事情肯定办不了。怎么办呢？他决定先把关系搞好，和这位老舅亲近起来。他打听到这几天老舅身体不太好，时常犯病，他看准时机，拎了一大包的滋养品，来到老舅家。

"老舅啊，有些日子不来看您了，您老人家怎么病了呢！年纪大了，可要多注意身体，别太操劳了。我这里有好东西，您好好滋补一下，身体肯定会好起来。"郭力非常热情地说，并把东西放到了老舅的桌子上。

俗话说"礼多人不怪"，虽说两家好长时间不走动了，但今天外甥拎了那么多的东西上门，而且是在自己生病的时候，这位老舅心里格外的高兴："郭力啊，你今天能过来，老舅我别提多高兴了。今天中午咱俩喝两杯。"郭力留下热闹一番。

自此两家关系好了起来。以后郭力隔三岔五地来看他的老舅。老舅视郭力如亲生儿子一般。郭力一看时机成熟了。这天他拎了两瓶酒来到老舅那里，两人喝了起来。郭力说："老舅，您老人家对我真是太好了，我都不知道怎么说才好啊。""孩子，什么都不要说了，咱两家谁跟谁啊，我是你长辈，往后有什么困难尽管和你老舅开口。别的不说，怎么你老舅也是有身份的人。"郭力听后，故作激动万分之状，并连忙把承包鱼塘的事情说了。

老舅以长者的口吻说："好啊，有志气，有魄力，老舅大力支持……做人就应该干一番事业。想法很好，不过工作的时候一定要慎重，年轻人千万不能急躁。"郭力连忙点头称是，接着把资金短缺的事情也说了出来。最后，郭力顺利地从老舅手里借到了三万元并承包了鱼塘。

在这个例子中，郭力干事业缺少资金，却从一个很疏远的亲戚那里得到了解决。郭力的眼光、求人的方法是很值得我们学习的。

我们都明白，亲戚有贫富远近之分，如果冒昧去求人办事，恐怕办成的概率很小；如果先设法增进双方之间的感情，待时机成熟的时候再提出要求，办成事的概率往往大于前者。

因为，亲戚关系和其他关系一样，在交往中也存在一定的规律，如果遵循这些规律办事儿，彼此的关系就会越来越亲密。所以亲戚间必须常来常往，亲戚"不走不亲"，"常走常亲"，这是中国人一贯的观点，只有经常的礼尚往来，才能沟通联系、深化感情、成功办事。

有人说："我不缺吃不少穿，亲戚间何必要常联系找麻烦呢？"此话不对，亲戚关系是一种人情味较浓的人际关系，不能蒙上庸俗的面纱，只有在亲近、挚密、常联系的基础上，才能建立真诚的关系。如果彼此间少了经常性走动，那就可能会出现"远亲不如近邻"的局面了。

在现实生活中，我们都有过这样的体验：作为亲戚之间的甲方若是一贯地照顾、帮助乙方，而乙方的回报却是不冷不热、不谢不颂的态度，时间长了，甲方必定会生气，认为乙方是不懂人情、不值得关照的冷血动物。若乙方依然以自我为中心，认为甲方帮助他是应该的，那甲方必然会终止与乙方交往。相反，若乙方知恩懂情，虽然没有什么物质好处回报，但经常去帮助甲方做一些力所能及的事情作为感谢，甲方肯定愿意与乙方继续交往下去的。

事实上，不论是一般关系还是亲朋好友，甚至是父母，都愿意听到一句别人对他们的感谢话，虽然他们的付出有多有寡，但受惠人一句贴心的话无疑对他们是一种心理的补偿。如果你只看重"来"，而轻视"往"，我想以后再想求助于对方也就困难了。

"常来常往"，首先表现在一个"往"字。意思就是说自身要发挥主观能动性，经常到亲戚家走走、看看、聊聊家常，这样是非常有益的。

或许，就是如此平常的"常来常往"，才会在以后的关键时刻，得到亲戚的一臂之力。所以，不要以为"常来常往"是没用的、不必要的，无论从哪个角度来看，于情、于理都要掌握和运用这个技巧。

再举个例子。姜琪在东北某学院上学，在大学四年中，本来知道有一位比较远的亲戚在学院任教，但是总是感到好像是要讨好人家，从来没有去拜访过。临毕业了，看到同学们个个找关系，姜琪于是也开始着急了。

没有办法，只有硬着头皮去找那位亲戚。待自我介绍完毕后，那位亲戚比较友好地招待了她，并聊起了亲戚的情况。其实姜琪已经将这些都淡忘了，只好含糊其词。尴尬地坐了一个小时后，那位亲戚说："姜琪，我今天还有事，有空来玩吧。"姜琪一听下了逐客令，感到事情没有办就这样回去了，那不是白来了，于是讲出了自己的想法。那位亲戚一听马上绷起了脸，说："姜琪，学校里对你们都有分配，有些名额是必须满足的，我也不好参与什么。"姜琪只好灰溜溜地回到了寝室，感叹人情冷暖，世态炎凉。

在这里姜琪就犯了求人的大忌。姜琪这位亲戚是她的远亲，而且不常来往，姜琪因为毕业分配之事贸然前去相求，肯定办不成。想想吧，毕业分配对于个人来说是何等重大的事情啊，关系着一生的前途。这样重大的事别说是不常来往的远亲，就是至亲，也不是简单的事情。况且毕业分配人人想找个好工作，大家都削尖了脑袋求门路，这样一件难办的事情要托人跑关系，哪能说办就办。

这就是不会办事的表现。如果善于办事的话你就应该未雨绸缪，在此之前就应该多往亲戚家跑跑，搞好关系的同时还能加深感情，待时机成熟再逐步说出自己的请求。这样不显山不露水，才自然得体，否则临时抱佛脚，谁也不会轻易地答应你的请求的。

"是亲三分向"，别管亲戚远近，平时常来常往，多多联系，遇到困难时，他们一定会比陌生人更乐于伸出援手。

6. 结人缘要会拉近关系

拉近关系指的就是套近乎，其目的是消除距离感、陌生感，让所求之人愿意帮自己办事。但生活中很多人却忽略了套近乎的作用，只会干巴巴地求助，结果往往难偿所愿。

套近乎不打无准备之仗，准备得充分，才能套得牢靠。既然是套近乎，那就是说套近乎与求人办事要分开。虽然二者是手段与目的的关系，但不能让人一眼就看出来你套近乎就是为了求人。因为对方一旦看出，就会对你从心里有一种排斥感，这对于你以后求他办事是大大不利的。所以不妨搞一个迂回战术，也就是换一种说法，绕一绕会更好。而且如果想与对方搞关系、套近乎，千万急不得，一定要循序渐进慢慢来。

套近乎还有很多的诀窍：

注意了解对方的兴趣爱好。初次见面的人，如果能用心了解和利用对方的兴趣爱好，就可以很快缩短双方的距离，而且兴趣相投会加深对方的好感。例如，和中老年人谈健康长寿，和少妇谈孩子和减肥以及大家共同关心的宠物等，即使自己不太了解的人也可以谈谈新闻、书籍等话题，都能短时间内给对方留下深刻印象。

多说平常的语言。著名作家丁·马菲说过："尽量不说意义深远及新奇的话语，而应以身旁的琐事为话题作开端，这是拉近彼此距离，促进人际关系成功的钥匙。"一味用令人咋舌与吃惊的话，容易使人产生华而不实，锋芒毕露的感觉。这样对方不接受你，自然会产生抵触。受人爱戴与信赖的人，大多不属于才情焕发、以惊人之语博得他人喜爱的人，相反却是平易近人有亲和力的人。尤其对于初次认识的人，最好不要刻意显出自己的渊博和显赫，让对方认为你是个善良的普通人才是最好的。如果你不与他人处于共同的高度，共同的基础上，对方很难对你产生好感。如果你摆出一副高人一等的样子，别人也会用同样的态度对待你。

还有一点就是减少与对方的对抗行为，例如批评、否定等。想想吧，你是求助者，有求于人，与人搞好关系套近乎，当然要以对方为中心，协调好与对方的关系。如果初次见面就发生冲突，很容易引起对方的反感。如果第一印象不好的话，无疑为以后的求人办事增加难度。好的开始是成功的一半，坏的开始却有可能导致彻底的失败。当然，这并不是让你不提相反意见，而是应尽可能地避免当着他的面提出，或者可以借用一般人的看法以及引用当时不在场的第三者的看法，就不会引发对方反射性的反驳，还能够使对方接受你并对你产生良好印象。心理学家认为，人是这样一种动物，他们往往不满足自己的现状，然而又无法加以改变，因此只能自恃一种幻想中的形象或期待中的盼望。他们在人际交往中，非常希望他人对自己的评价是于己有利的，比如胖人希望看起来瘦一些，老人愿意显得年轻些，急欲升迁的人期待实现愿望的一天近一些等。

引导对方谈得意之事。任何人都有自鸣得意的事情，但是，再得意、再自傲的事情，如果没有他人的询问，自己说起来也无兴致。因此，你若能恰到好处地提出一些问题，引发他讲出得意之事，定会使他眉开眼笑，并敞开心扉畅所欲言，你与他的关系自然会融洽起来。

一张口就求人，很容易激起对方的抵触心理，因此求人办事时千万不要忘了拉关系、套近乎，拉近双方距离，让对方认可你之后，事情自然也就好办了。

7. 别忘了向帮你的人道谢

求人办事时，人们最常犯的一个小毛病就是疏忽致谢。有些人可能是觉得对方是自己的老朋友、亲戚，帮点忙是理所当然的事，或者虽然对方帮自己办了事，可自己当初也送了礼。这些想法都是大错特错的，无论什么人帮了你忙都该得到你的感谢。

致谢必须是发自内心的,同时不管对方是陌生人还是亲朋好友,都要有所表示,可是许多人却忽略了这一点。事实上不论是一般关系的人还是亲朋好友,都愿意听到感谢的话,虽然相较于他们的付出是微不足道的,但受惠人一句贴心的话对他们无疑是一种心理上的补偿。

王晓远离家人在上海工作,有一次他请同事老张的爱人织了件毛衣,式样新颖,手工精细,他登门直夸老张好福气,尔后逢人便赞张夫人好手艺。王晓的语言回报无疑是得体的。间接夸老张好福气,实际是说张夫人贤惠能干,里外几句话说得老张两口子心里暖烘烘的,逢人便说王晓懂事理。

对热情相助的人,在物质上给以回报,也是一种不失礼节的方式。物质交际虽然不是人际交往的主要方式,但它毕竟存在于现实生活之中。我们提倡淡化物质交往,并不是要取消物质交往,而是要让这种交往多一分真情,少一分铜臭味。

有时适量的物质回报是培养良好的人际关系的特殊需要。比如某人曾多次帮助过你,某一天当他生病住院的时候,你拎上礼物去探望,无疑对他是一种莫大的慰藉。物质回报要遵循适度的原则,适量地"礼尚往来",不要出于功利目的借回报之名行贿。

当语言回报不足以表达心意,物质回报又不合时宜时,行为回报不失为一种得体的回报方式。

小林幼时父亲不幸去世,是城里的叔叔供他上高中、念大学。近来叔叔体弱多病,小林经常利用空闲时间帮叔叔干家务,还时常利用机会寻医找药。做叔叔的听在耳里,看在眼里,喜在心里。

行为回报虽不像语言回报和物质回报那样悦耳、显眼,但它是无价的。于细微处见真情,好的行动无须用语言证明。当一个具有真才实学的青年求职时历经挫折终被一位贤明的"老板"录用之后,最好的报答不是好言好语,也不是厚礼,而是实干。

希腊一位哲人曾说："感谢是最后会带来利益的德行。"善于求人的人经常都备妥感谢之辞，因为它往往成为人与人之间交往的润滑剂，在生意上的来往也因它而顺利进行。

事实上，没有人不喜欢常听到感谢之辞。因此把"谢谢"二字随时摆在心中，需要时刻派上用场，没有比这个既简单又容易的方法了。

那么，怎样说谢谢呢？表达谢意可以用很多方式说出来。然而，无论被怎样装扮，譬如用鲜花、午餐回报，或者其他方式，但这个词，或它的一种变化，一定要说出来或写下来。以下是一些传播这个不起眼但却绝对重要的信息的方法：

①明白地告诉他你的感谢。告诉他，他为你做的对你来说是很重要的，和他在哪一方面帮助了你。例如，"我真的非常感谢你在编那个计算机程序上给我的帮助，起码为我节约了六个小时的时间。"

②对对方的帮助给予赞扬。让对方明白你认为他为你干的事是很特别并值得认可的。例如，"谢谢你的帮助！像你这样体贴人的老板真不多见。"

③表示出回报之意。告诉这个人你感谢他为你做的，并准备回报这个好心人。例如，"我很感激你能在开会时回我的电话，以后只要有用得上我的地方，请随时叫我！"

④写便笺表示感谢。说声谢谢是很有作用的，但写下来会更胜一筹。不妨亲笔写一个条子表达你的谢意。

⑤送份小礼物。送份礼物并附上一张便条。只要你送的礼物能够非常恰当地表达出你的感激之情，送什么都行。

⑥通过他人传达谢意。告诉别人你有多感谢他为你所做的一切。最后这话一定会传到给予你帮助者的耳朵里去。例如，"张经理这人真好！他帮我安排了那次会面。要是没有他的帮忙，我真不知该怎么办好。"当你的感谢通过别人的嘴传到他耳朵里时，定会增色不少。

⑦主动提供帮助。与他人在一起，主动提出为他们的工作助一臂之力。"我来帮你干这事儿。甭客气，你帮我的次数可太多了。"

⑧请客吃饭。邀请他去吃中餐或晚餐，一定要表明你这是为了感谢他的帮忙。如果你邀请的是已婚者，应当把他的配偶一并邀请去。

"晴天留人情，雨天好借伞"，一句致谢话、一份小礼物并不会让你有什么损失，却会给对方留下良好的印象，把你当作值得帮助的人，下次你再开口求人，人家就会更愿意帮你。

第五章

让细节给成全你的上下级关系

1. 领导面前要少说多做

一名下属如果想与领导搞好关系，获得领导的青睐，切忌在领导面前夸夸其谈，说东道西。忽视了这个问题你就无法与领导和谐相处，甚至有可能会断送你的前途。

有许多下级踌躇满志，欲干一番大事业，却因为不注意谨言慎行，结果产生了诸多的麻烦，弄得心情不舒畅，工作起来也失去了兴致。

小何是一位很有才干的人，任职于一家知名度较高的合资企业，并且刚当上了部门副经理。他的顶头上司老唐对他始终不冷不热。当他谦恭地向上司请教业务上的事情时，老唐常常装聋作哑，除了"是"或"不是"，绝不多说半个字。

一天，当他们在一起商讨业务时，小何大胆地说出了自己的不同意见。没料到他下午就被老板召去，老板说："我本人非常尊重像你这样有才华的人，不过，目空一切、自以为是未必能干出什么成绩来！"

听着老板的训斥，小何心里很不是滋味，他弄不明白自己何时表现出自以为是了，要是与上司意见不符就是自以为是，那么，明知不好也要随声附和才算配合得好吗？最使他气恼的是，老唐像什么事都没有发生一样，仍然是那样不冷不热。小何最终辞去了工作，再去寻找应该属于自己的梦。

其实，这位小何与他的直接领导老唐相处的失败，多少与他的心高气傲有关。而最根本的原因则是对上级的心理状态没有充分理解和把握，因而未能灵活地把握自己的应变策略，没有经受住上级的考验，最终没有为其接纳。在没有充分理解上级对他冷漠相待的原因时，小何就敢在商讨业务时大胆提出反对意见，怎能不吃苦头呢？

一个人与上级共事，并不意味着他已被上级接纳。他还必须面对上级的种种考查。只有在心理上被接受了，下级才能得到上级的热情帮助和照顾，才能顺利地开展工作。而要得到这种心理上的认同，下级就必须谦虚谨慎，少说为佳。

之所以要谦虚谨慎，是因为在上级还没有将你引为他的"心腹"时，如果你轻易地发表与众不同的意见，即使见解是绝顶的高明，也会招致上级的反感和排斥。

之所以要谦虚谨慎，是因为这是对上级的一种尊重。你只有先尊重上级，上级才有可能尊重你、欣赏你。过多地表明自己的观点，处处发言，往往会被认为是"目无领导"、"张狂"的表现。而上级最忌讳的就是下级对自己权威的不尊重、不服从。

老子在《道德经》中说："大直若屈，大巧若拙，大辩若讷，静胜躁，寒胜热。清静为天下正。"他还有句名言，叫做："天下莫柔弱于水，而攻坚强者莫之能胜，以其无以易之。"这至理名言应当为每一位下级所记取。

一件事情八字尚未完成一撇，就在上级面前大谈宏伟构想，尽展胸中经纬，这很容易让上级想到纸上谈兵的赵括。因为有经验的领导，对于事情成功之前可能会遇到的阻力，分析得会比下级更清楚。

因此，只有干出一些眉目，才有说话的资本。对事情分析得清楚透彻，知其然而后知其所以然，言必中的，然后埋头做事的下级，才是领导所欣赏的。

总之，少说多做就是赢得上级信赖的最佳方法，与其纸上谈兵，还不如把工作做得漂亮些，用成绩来证明你的实力。

2. 在上司面前不可犯的小错误

上司是直接管束你的领导，与你接触机会较多，一般比较熟悉。但这并不意味着你就可以在他们面前随随便便，相反，你要格外小心，不要犯下不可饶恕的小错误。

（1）不要恃才傲慢

你的聪明才智需要得到上司的赏识，但在他面前故意显示自己，则不免有做作之嫌。上司会因此而认为你自大、恃才傲慢、盛气凌人，而在心理上觉得难以相处，彼此间缺乏一种默契。与上司相交，须遵循以下原则：

①寻找自然、活泼的话题，令他充分地发表意见，你适当地作些补充，提一些问题。这样，他便知道你是有知识、有见解的，自然而然地认识了你的能力和价值。

②不要用上司不懂的技术性较强的术语与之交谈。这样，他会觉得你是故意难为他；也可能觉得你的才干对他的职务将构成威胁，并产生戒备，而有意压制你；还可能把你看成书呆子，缺乏实际经验而不信任你。

（2）不要随便给上司挑错

赵刚最近很郁闷，他因为在开会的时候指出了上司的错误，事后被召去痛斥一顿。他觉得自己是对公司关心，才会指出上司错误，不料反被指责，因此不快。

这位朋友的出发点无疑是好的，但他却不懂选择场合，也太欠缺技巧了。

任何人也不想当众被他人指出错误，更何况是你的上司？开会时众目睽睽，你竟然把他的错误抖出来，叫他的面子往哪放？况且你是他的下属，岂不是说他不如你？也难怪他生气要对你发泄。

即使并非开大会，只有你与上司两人，你也不宜直接指出他的错误，特别是上司的自尊心最重要，你要指出其错误时，须懂得避重就轻，要婉转但能清楚地传达意思。

举个简单的例子，假如上司写的英文信中有某个字用错了，把整个意思都歪曲了，做秘书的可以婉转地问上司，表示自己不明白这个字的解释，请他指点，待他说明以后，可以问他那个字是否与另一个字（正确的用字）相同，此时上司应心领神会，可能会说用你提的字也可以，那时你便可将之更改。

（3）不要和上司称兄道弟

我们不一定要把组织弄得像军队一般的严谨，但对于上司和下属的关系也应划分清楚，不可有搪塞马虎、得过且过的想法。凡事轻率随便的态度，往往给人无法信赖的感觉，对于个人人格无疑是重大的损害。

主从关系必须严格划分，不可乱了分寸，权责不明、未经授权而强出头，对所指派的任务也任意曲解、自作主张，将使整个组织失控。

举个较为浅显的例子：行进间如遇上级，必须等上级通过自己再行进；上、下台阶时，必须先停止、行注目礼后再随后前进。

在企业中，上下级之间的关系最容易混淆，常有冲犯而不自知。年轻气盛的员工，只为突显、膨胀自己的角色，往往不知礼貌，动辄直呼上司名字，或者干脆称兄道弟。这些没大没小的幼稚行径，都是办公室里的忌讳。

上级有事召见时，切忌推三阻四、耍"派头"，给人气度不凡且又成不了大事的印象。尤其不可打断他人的谈话，有意见时须待他人讲话告一段落再表达自己的意见。

交谈对象若为上级主管，不可省略对他的职称。必须冠以"某某科长"、"某某主任"等称谓；即在平辈间，也不可疏于礼貌，应以"先生"、"小姐"或以"某科长"、"某主任"等称呼为恰当。

（4）不要越级报告

很多越级报告的人，都是由于觉得自己顶头上司没有自己那么能干、压抑自己的才华、对自己漠不关心等等，就干脆越级报告，述说上司的不是，这是非常不明智的做法。

尝试越级报告的人，往往会伤害自己。因为越级报告代表上司与下属间的关系完全破裂，不可能有真正的妥协，而顶头上司必然洞悉这一点，认为两者不能共存于一个部门，在二者选其一时，低级员工必成淘汰对象。此外，老板必须维护管理阶层，尽管低层下属说得有理，他也不会随便惩罚有错误的主管。况且越级报告的人，事实上破坏了公司的作业程序，使老板头痛。就算能幸运地成功了，老板会认为该员工有不忠的性格。因此越级报告是吃力不讨好的。

除非越级报告的员工，能令老板相信，你之所以这样做，并非为了自己的利益，而是完全为了公司着想，那你才可能有成功的机会。

记着：越级报告只可以是万不得已时的手段，绝不可以滥用。

（5）不要随便向上司提意见

中国古代法家代表人物韩非认为，部属不能随便向上司进言。他的论断虽有些偏激，但反映了进言宜慎重这个真理。韩非列举了进言者的十种危险，不妨参考一下：

①君主秘密策划的事，不知情者贸然进言就会有危险。

②君主表里不一的事，谁把这个情况说破，谁就会有危险。

③在进言被采纳的情况下，如果进言的内容被他人得到了，进言的人就要受到泄密的怀疑。

④为官的经历还不深，还没得到君主信任时，如果把自己的才能全显露出来，那么，即使谋划成功，也不会受赏；如果谋划失败，反而受怀疑。

⑤揭露君主的过失，用道德理论加以指责，那是危险的。

⑥君主用他人的意见获得成功，并把这个成功归于自己，知道这个秘密的人会有危险。

⑦强制君主从事自己能力以上的事，这样的事会让君主难堪，这个进言者会有危险。

⑧如果君主谈论人的品格，又别有所指，接着再谈论平庸的人，并有煽动之意，幕僚们就要有所警惕。

⑨赞扬君主宠爱的人，如果你想接近他，就会受到怀疑；指责君主厌恶的人，如果是试探，你也会受到怀疑。

⑩在向君主进言时，只说大话，毫无针对性，当仔细讨论时，就会让人反感；如果发言过于小心，就会被认为是愚笨；如果高谈阔论自己的计划，就会被斥为信口开河。

为人下属者在领导面前容易犯的错误还有很多，这里难以一一尽述。然而只要你能牢记自己的身份，并且在小事上多加注意，那么你就可以避免犯错。

3. 守口如瓶维护领导形象

对一个领导者来说，领导形象是至关重要的，没有一个领导会原谅肆意破坏自己形象的下属。因此，千万不要把领导的秘事或对领导的意见当谈资，这些信口说来的"小事"会让你付出巨大代价。

领导的秘密要保守。

下级为上级保守秘密是职责、义务，是工作纪律、道德观念的要求，也是对上级忠诚的体现。

对于上级的秘密，不论是工作秘密还是个人秘密，应该知道的可以知道，不应该知道的，不要强求知道。下级要控制自己的知密欲，不要有意识地去探听，不要主动了解。有时还要主动回避。有些人以在领导身边工作知密多为荣耀，喜欢别人从自己嘴里探秘，用以显示自己的身份。其实，这是一种非常浅薄和有害的做法。

生活中一些不明智的人会千方百计探听上级领导的隐私，以达到将来利用上级或要挟上级的目的，这是道德品质败坏的表现。这样居心叵测的人，一旦被发现，自然会被清除。任何一位领导都不喜欢可能给自己带来危害的下级。

作为下级，不要以谈论"秘闻"来炫耀；不要把了解上级隐私，并乱加猜测、肆意传播，作为自己"聪明"的表现；不要笃信"密不避亲"，以向亲朋好友吐露鲜为人知的"秘闻"为乐趣。

在这方面，"孔光不言省中树"的故事，可为我们提供借鉴。汉代孔光，官至仆射、尚书令，是皇帝的"秘书长"。他主管中枢部门十多年，严守法度，从不泄密。据《汉书》载：孔光"沐日归休，兄弟妻子燕语，终不及朝省政事。或问光：'温室省中树皆何木也？'光嘿不应，更答以他语，其不泄如是。"

如果在公司或企业工作，则更要对上级的秘密"秘而不宣"，因为一旦泄露秘密，不但会损害上级的形象，而且还会在不经意中泄露本部门的商业机密，使组织蒙受损失。更有甚者，上级领导一旦发现你的行为，轻者会对你心生厌恶，从此疏远、冷落你，重者则会"炒"你的"鱿鱼"，甚至会因你给公司带来的损失给你一定的经济处罚或让你承担一定的法律责任。

领导的闲话不乱传。

这是一个微不足道的话题，而又对维护领导者形象有着重要意义。

对于"闲话"，不可以轻视，但也不值得过于认真。"闲话"是一种背后舆论，它可以败事，也可以成事；可以帮人，也可以毁人。"闲话"是一种无聊，它具有刺激、猎奇的特点，与其较真，空空如也，什么结果也不会有，留下的只是个人的烦恼。所以说"人言可畏"。

面对"闲话"，下级应立足于维护上级的形象，听"闲话"而不传"闲话"，并以巧妙的方法加以利用。

下级在人际交往和与大家的接触中，常常涉及一些上级领导的情况。不管自己与上级的关系如何，在上级手下是否得志，都不能内丑外扬，不要诉苦，流露对上级的不满。当然也不能对自己的上级进行溢美宣传，过分地炫耀自己和上级，这会使群众产生逆反心理，引起其他"闲话"的流行。同时，也会使人对自己产生浅薄、好吹捧、好巴结和不值得信赖的印象。正确做法是：第一，内丑不外扬。无论对上级有什么意见和看法，不在外边宣传，不对外人流露，可以在内部通过讨论、批评与自我批评或者协调的办法加以解决。对自己的上级进行诋毁，等于是在破坏自己的荣誉，是不明智的。第二，扬善不溢美。下级敬重自己的上级是应该的，但是不可过分吹捧，对上级的宣传要实事求是，一是一，二是二，不扩大，不修饰。宣传上级，不是把上级挂在嘴上，而是从需要出发，关键时刻用事实说话，说明问题，以正视听。

下级要善于听"闲话"。听"闲话"有很多好处：一是可以了解思想动向，知道人们在想什么，议论什么；二是可以了解大家对上级的真实看法，帮助上级验证自己；三是可以发现工作漏洞。

下级，尤其是上级身边的工作者，要学会听"闲话"，正面的、反面的、讽刺的、表扬的、明朗的、隐晦的都要听。

想要听到"闲话"，就要和群众打成一片。听的时候，要沉住气，不抬杠、不追问、不评论、不纠正、不解释，也不要随声附和。"闲话"的内容如果涉及自己，千万不可暴跳如雷、沉不住气。如果涉及自己的上级，不要辩解，不要否定，但也不要肯定。可以推说"不甚了解"，或者以微笑作答。

听来的"闲话"要过滤，闲话多数没有用处，听听而已，不必件件认真。对于一些与上级威望、与上级工作相关的问题，要去伪存真、由表及里地进行分析和加工，提炼出正面的、有积极作用的内容，作为工作信息或工作建议提供给上级。

这两条归结起来就是，对有损领导形象的话要守口如瓶。这虽是小事但却不可轻视，如果对此你没有足够认识，那么就很难真正搞好与领导的关系。

4. 意见还要巧妙地提

作为一名下属，如果想成为领导的得力助手就要敢于提意见，对领导有所帮助。而意见的提法一定要巧妙，这样才能为领导接受，并且得到领导的信任和好感。如果不注意这个细节问题，你就会落得个"出力不讨好"的下场。

第一，公开场合提意见要慎之又慎。

中国人都好面子，上级领导也少有例外。在上级眼里，如果自己的下级在公共场合使自己下不来台，丢了面子，那么这个下属肯定是对自己抱有敌意或成见，甚至是有组织、有预谋地公开发难。无论你是喜欢他的人，或不喜欢他的人，在公开场合不给上级留面子的结果就是，上级要么给予以牙还牙的回击，通过行使权力来找回面子，要么就怀恨在心，留待秋后算账。

这种结果，自然是任何一个下级在提出批评和意见时所不愿看到的，也往往违背了他的初衷。因为，无论是上级，还是他本人，都生活在充满人情味儿、十分讲究人际和谐的同一个社会里。

上级十分注意自己在公开场合，尤其是在其他领导和众多下属在场时的形象，这不仅仅是因为有文化的潜移默化的作用，更在于上级从行使权力的角度出发，维护自己的权威的需要。这种需要会在大庭广众之下变得愈发强烈甚至是不可或缺的。

如果下级的意见使上级感到难堪，即使你是出于善意，即使你"对事不对人"，但其结果却必然是一样的：使上级的威信受到损害，自尊受到伤害。

权威受到挑战，行使权力的效能便会大打折扣，它影响着上级在今后的决策、执行、监督等各个方面的决定权和影响力。因为权力的效能是以服从为前提的，没有服从，权力就会空有其名。

因此，如果上级当众受到下级的伤害，丢了面子，即使当场不便发作，日后也会记恨在心，甚至伺机报复。因为如果不这样做的话，可能还会有其他下级当庭责难，大出其丑。这就叫"杀一儆百"！

既然如此，下级在公共场合给领导提意见时，一定要注意给领导留面子。

留面子，首先表明你对领导是善意的，是出于对领导的关心和爱护，是为了帮助领导做好工作，这样，他才能够理智地分析你的看法。

留面子，还表明你尊重领导，你服从他的权威。你有意见并不意味着你在指责他，相反，你是在为工作着想。

留面子，其实就等于给自己留下余地，下级可利用这个余地同上级在私下里进行更为深入的交流和探讨。同时，这个余地还暗示上级，下级只是行使了一定的建议权，而上级仍留有最终的决定权。留有余地，会使下级能够做到进退自如，一旦所提意见并不恰当，还会有替自己找回面子的可能。

当然，主张在公开场合提意见要注意上级的面子，并不是鼓励下级"见风使舵"、做"老好人"，而是强调在提意见时要注意场合、分寸，要讲究方式、方法。

第二，反对意见要迂回地提。

如果你直来直去地提出反对意见，虽然你是一片好心，但上级却可能认为你是故意作对，给他找麻烦。

迂回地表达反对意见，可避免直接冲突，减少摩擦，使上级更愿意考虑你的观点，而不被情绪所左右。

我们每个人都有自己对某一问题的观点和看法，它是我们思考的结果。无论是谁，遭到别人直言不讳的反对，特别是当受到激烈言辞的迎头痛击时，都会产生敌意。下属的直言不讳，往往使上级觉得脸上无光，威风扫地，而领导的身份又决定了他非常需要这些东西。

过于直接的批评，会使上级自尊心受损。下级的反对性意见犹如兵临城下，直指上级的观点和方案，怎么会使他不感到难堪呢？特别是在众人面前，上级面对这种挑战，已是别无选择，逃无所逃，他只有痛击下级，把他打败，才能维护自己的尊严和权威，而其观点的正确与否，早就被抛到九霄云外了。

以间接的途径表达自己的反对意见更易为人接受，这是因为这种方法很容易使你摆脱其中的各种利害关系，淡化矛盾或转移焦点，从而减少上级的敌意。在心绪平静的情况下，理智占上风，上级自然会认真考虑你的意见，而不会不假思考，"一棍子打死"。

其实，通过迂回的办法表达自己的反对意见，力求使上级改变主张，是十分有效的方法。无须过多的言辞，无须撕破脸皮，更无须牺牲自己，就可以使上级接受你的意见。

第三，提意见要摆个低姿态。

下级提出建议，但能否让上级接受，不仅取决于建议内容本身的合理性，还取决于下级提意见的方式。

经验表明，以请教的方式提出建议更易为上级所接受。

请教，是一种低姿态，它的潜在含义是，尊重上级的权威，承认领导的优先地位。这就是说，下级在提出建议之前，已经仔细研究过上级的方案和计划，是以认真、公正的态度来对待上级的思想的。因而，下级的建议是在尊重上级自己的观点的基础上形成的，是对上级观点的有益补充。这种印象无疑会使上级感到安慰，从而减少或消除对下级进言的敌意。

每个人都有这样的体会：当上小学的弟弟妹妹充满敬仰地向你请教问题时，无论你多么忙，都会带有一丝骄傲地解答他们显得幼稚的问题，并从他们的目光中得到某种心理上的满足。如果我们静下心来分析一下就会发现，成就感是那样牢固地植根于我们的心灵深处。别人向我们求教，就表明我们在某一方面优于别人，我们受到了别人的尊敬和重视。在被别人请教时我们心中涌起的愉悦感和自豪感可能并不为我们清楚地意识到，但却实实在在地影响着我们的情感。每一个健康的、心智正常的人都渴望有这种情感体验，领导者也无例外。

请教的姿态，不仅仅是形式上的，更有内容上的意义。下级在请教上级时所听到的他在某一方面的见解，可能并未在公开场合说明过，而这一见解可能正是上级在考虑问题时所忽略了的重要方面。这样，在提出建议之前，先请教一下上级的看法，以使自己进退自如：一旦发现自己的想法欠妥或考虑不周，便可立即止口，回去将自己的建议完善一下；如果发现自己的建议毫无意义，那么你该庆幸没有将自己的见解说出去。

有经验的说服者，常常事先了解一些对方的情况，并善于利用这些情况，作为"立足点"。然后，在与对方的接触中，首先求同，随着共同的东西的增多，双方也就会越来越熟悉，越来越能感到心理上的亲近，从而消除疑虑和戒心，使对方更容易相信和接受你的观点和建议。

　　下级在提出建议之前，先请教一下自己的上级，就是要寻找谈话的共同点，建立彼此相容的心理基础。如果你提的是补充性建议，那就要首先从明确肯定上级的大框架开始，提出你的修正意见，作一些枝节性或局部性的改动和补充，以使上级的方案和观点更为完善，更有说服力，更能有效地执行。

　　如果你提出反对性意见，则一定要注意共同心理的培养，使对方愿意接受你。此时，虽然你可能不赞成上级的观点，但一定要表示尊重，表明你对领导观点的理性思考。只要你设身处地地从上级的立场出发考虑问题，并以充分的事实材料和精当的理论分析作依据，上级一定会心悦诚服地放弃自己的立场，仔细倾听你的建议和看法。在这种情况下，上级是乐意采纳你的意见和建议的。

　　请教会增强上级对下属的信任感。当你用诚恳的态度来进行彼此的沟通时，上级会逐渐排除你在有意挑"刺儿"的想法，并逐渐了解你的动机，开始恢复对你的信任。

　　生活中那些因提意见而得罪领导的人，大都是因为胡乱开口引起的，因此我们要更注重细节，讲究方式、方法，巧妙地提出自己的意见。

5. 批评下属时需要注意的小问题

　　下属犯了错误，你必然要提出批评，但需要注意的是你不能想说什么就说什么，如果忽略了一些细节问题，不但达不到教育其改正的目的，甚至还会引起矛盾。

（1）切忌当众批评下属

当着众人的面批评一个人不仅是自己拆自己的台，而且会使受批评的人意志消沉，产生自卑感。有一个经理在现场检查产品质量时，对一名主管大声斥责："喂，你竟给生产劣质产品开绿灯！要知道，公司是不接受这种劣质产品的。你在这里表现得不好，你必须赶快把质量搞上去；否则，我会重新物色人选。"结果，除了他以外，在场的所有人都很气愤。

这样当众训斥人不但会使被斥责者十分气愤，而且还会使在场的每一个人都感到十分尴尬，感到自己有朝一日也会有同样下场，于是人人自危。同时，这样做还有可能导致员工怀疑其上级的能力。这样，他作为一名管理者所能发挥的作用就小了，其自尊心也会受挫伤，致使他从此疑虑重重。经理这样愚蠢地处理问题，只能使问题更加严重。经理不应该当众批评下级人员，而应私下同他研究质量问题，这样既能使产品质量问题得到正当的解决，又能保护下属员工旺盛的士气，对各方面都有好处。

人都是要面子的，尤其是在大庭广众之中。有一些管理者总喜欢不分场合地对手下的部门负责人指手画脚，当众呵斥，动辄发脾气，把下属人员置于难堪的境地。他以为这样做会激发员工发挥更大的能动性，通过羞辱行为教育下属人员，以为这样才能体现自己的威严。这样做虽然对下属人员一时会奏效，但却不能长久下去，因为它会造成人为的心理紧张，对人的自尊心是一种极大的伤害。即使下属人员当时被迫接受了管理者的责备，但内心深处却留下了一个阴影。不断地被斥责，阴影会越来越大，终于会有一天爆发出来，使管理者与下属人员矛盾激化。更有可能的是，下属人员产生的自卑心理会越来越强，意志会日益消沉，尤其是年轻人，还会自暴自弃。这对用人、激励人是没有任何好处的。

一个成功的管理者，当他的下属犯了错误时，他会选择适当的方式，如私下里面对面对下属提出批评。这样，下属会感激万分，因为他清楚，上司不仅给了他面子，而且还给了他机会，知恩必报，以心换心，下属会更加努力，做出好成绩来报答上司。

（2）批评时要"看人下菜碟"

在批评的过程中，不同的人由于经历、文化程度、性格特征、年龄等的不同，接受批评的能力和方式也有很大的区别。同时，由于性格和修养上的不同，不同的人对同一批评也会产生不同的心理反应。因此，管理者在批评时就要根据被批评者的不同特点采取不同的批评方式，切忌批评方法单一，死搬教条。

一般来说，对于自尊心较强而缺点、错误又较多的人，应采取渐进式批评。由浅入深，一步一步地指出被批评者的缺点和错误，从而让被批评者从思想上逐步适应，逐渐地提高认识，不能一下子将被批评者的缺点"和盘托出"，使其背上沉重的思想包袱，反而达不到预期的目的。

对于性格内向、善于思考、各方面都比较成熟的人，应采取发问式批评。管理者将批评的内容通过提问的方式，传递给被批评者，从而使被批评者在回答问题的过程中来思索、认识自身的缺点错误。

对于思想基础较好、性格开朗、乐于接受批评的人，则要采取直接式批评。管理者可以开门见山、一针见血地指出被批评者的缺点错误。这样做，被批评者不但不会感到突然和言辞激烈，反而会认为你有诚意、直率，真心帮助他进步，因而乐意接受批评。

总之，批评要根据对象的不同特点采取不同的方法，从而有效地达到批评的目的。

（3）批评要把握"度"

人们常说"凡事得有度"，可见，做什么事情都得掌握一个度，要有"分寸"。在批评中也一样，"过"与"不及"都是应当避免的，要力争做到恰到好处，从而更好地达到使人奋发向上的目的。那如何才能做到恰到好处呢？

第一，管理者要在批评前告诫自己批评的目的不是针对人而是要通过批评来帮助员工改正错误，进而使他奋发向上；要告诫自己只要达到了这个目的就不要再刻意去责备员工，只要员工认识到了自己的错误，诚心地表示要吸取教训，并提出了改进方案，这样批评的效果就已经达到了，这时就不应该再批评而应该多鼓励。

第二，充分认识到与员工的关系是一种合作的、同志间的关系，认清彼此间并不存在根本的矛盾。因此，批评的目的是要把问题谈透，而不是把下属批臭。管理者在批评中应该表现出一定的大家风范和君子气派，切不可小肚鸡肠、斤斤计较，必要时还可以适当选用具有一定模糊性的语言，暂为权宜之策。

第三，下属员工所犯的错误，虽然不是一种根本对立的矛盾，但毕竟是犯了错误，需要的就是批评而不是褒奖。如果批评时语言没有分量，嘻嘻哈哈不了了之，就会失去批评的意义，从而使得错误在组织中形成一种不良的影响，得不到有效的控制。应本着惩前毖后的原则，既要维护制度的威严，又不能放弃原则，以免赏罚不明、纪律松弛。

第四，要仔细分析员工犯错误的原因和程度的轻重而给予不同程度的批评，切忌等量齐观、"一视同仁"、各打五十大板，其结果是让被批评者心里产生一种愤愤不平之感，引出一些不必要的麻烦。应当该轻则轻，不能揪着辫子不放；该重则重，切莫姑息迁就。

总的来说，适度批评就是要实事求是地分析员工的错误，根据不同情况采取适当的批评，做到批评能"适可而止"。

（4）批评要有人情味

管理者的批评实质上就是帮助员工认识错误，并协助其改正错误，因此，诚意和关爱在这种帮助过程中起着极其重要的作用，毕竟人们不需要虚情假意的帮助。

这里说的诚意就是指批评的形式、手段、方法要光明磊落，态度十分诚恳、友好。比如将心比心，不让对方下不了台，不把责任推给别人，不揭老账，诚实做人，体谅员工的难处等等。爱心就是指批评的目的完全是为爱护员工、提高员工的素质。目的高尚纯洁，"一片冰心在玉壶"，不掺一点儿私心杂念。而这种诚意和爱心正是员工极为重视的，能感受到来自管理者的诚意和关爱，员工也就更为乐意地接受批评，进而认真地去认识和改正错误。

因而，管理者在批评时应采取一种诚恳的态度，多从员工的角度去考虑问题，对员工动之以情、晓之以理；不是一味地采取粗暴的方式批评，而是要客观地评价员工的过错，热心地帮助他们分析错误的原因，以宽容的批评去鼓舞他们勇于面对错误，就会让他们感受到你的批评就是一种关爱，从而激发员工主动地去承认错误，并努力地去改正错误。

（5）不是所有的失败都要批评

失败的原因是多种多样的，或是办事的人主观不够努力，或是办事者经验不足，再或者是由于某些客观条件不够成熟，甚至可能是由于巧合，偶然地失败了。在所有这些原因中，除了主观不够努力尚可指责外，其他都不能简单地归罪于失败者。如果不分青红皂白，一听到，或看到下属失败，就肆意指责的话，下属是肯定不会心服的。

常言道："失败是成功之母。"很多成功都是在经历了失败之后才取得的。换句话说，要有人去失败，才会有人成功。如果一失败就遭到劈头盖脸的指责的话，人们就会过分害怕失败，遇到该冒险的事也不敢或不愿去冒险。什么事都要到有百分之百的把握才去干，那还会有多大的进展？看上去是保险可靠了，但企业的竞争力也大大减弱了。在很多事情上会坐失良机。

当然，我们也不是说失败时一概不可责备。如果所有的失败都不能指责，那领导者恐怕就没有什么机会可以指责下属了。我们在此可以列举一些不可指责的类型，以供领导者在看到下属失败时加以区别：

①动机是好的

同样是失败，如果动机是好的，没有恶意的话，则不可指责。指责的目的是纠正和指导，如果动机良好而无心犯了错误，就没有必要指责。只需纠正他的方法就可以了。反之，基于恶意、懒惰所造成的失败，就需给予处罚。

②指导方法错误

由于领导者或前辈的指导方法错误而造成的失败，当然也不能指责。要先弄清楚责任所在，指责该负责的人。

③尚未知结果之事

刚试着做或正在实验中的事，结果尚不明确，不能加以指责。否则，下属就没有勇气再尝试下去，造成半途而废。

④由于不能防止或不能抵抗的外在因素的影响

这种情况当然不是下属的错，下属没有义务承担这个责任。没有责任就不能指责。

最近一段时间，网络上流传着一封秘书致总裁的批评信，起因就是总裁严厉地批评秘书，结果引起了反弹。看来，作为一名领导，在批评下属时还是应当注意方式方法和细节问题，不伤害下属感情的批评才是有效的批评。

6. 给下属留下发表意见的机会

领导并非全知全能，知识、经验、能力也都有限，因此应当多听取下属的意见，集思广益。同时给下属发表意见的机会，也是尊重他们的一种表现，会使下属更积极地投入工作。

在听取下属意见时，有几个小错误是千万不能犯的：

第一，不要心不在焉。管理者听取下属意见时的态度，对下属的情绪有着很大的影响。如果态度认真，精神专注，下属会感到上司是重视听他的意见的，从而把自己的想法无保留地说出来。如果心不在焉，一会儿打个电话，一会儿向别人交代事情，一会儿插进与谈话内容不相干的问题，就会使下属感到管理者并不重视他的意见，不是真心诚意听他讲话，从而偷工减料，把一些准备谈的重要意见留下不讲了。所以，听取下属意见时，只要不是临时仓促确定的，谈话之前一定要把其他事情安排好，避免到时发生干扰。

第二，不要仓促表态。有的管理者在听取下属意见时，往往好当场仓促表态。这对下属充分发表意见是很不利的。对赞成的意见表了态，其他人有不同意见可能就不谈了；对不赞成的意见表了态，发言者就会受到影响，妨碍充分说明自己的想法，甚至话说到一半就草草结束。管理者在听取意见时，最好是多做启发，多提问题，不仅使下属把全部意见毫无保留地谈出来，还要引导他谈出事先没有考虑到的一些意见。

第三，不要只埋头记录，不注意思索。埋头记录，固然表示管理者重视，但不注意思索，往往会把下属意见中可取之处或蕴含着的有价值的意见漏掉。所以，管理者在听取意见时，固然要用笔记下要点，但更重要的是要注意思索，要善于从下属发言中捕捉和发现有意义的内容，并及时把它提出来，以引发人们的进一步思考。

管理者征求下属意见时，经常会有人提出反面意见，这是正常的现象。但能否正确对待反面意见，则是关系到下属能否充分发表意见，关系到能否从下属意见中吸取智慧的十分重要的问题。

通常所说的反面意见，就是指同管理者的意见或居主导地位的多数人的意见相反的意见。反面意见这个词并不包含有内容是否正确的含义，它可能是错误的，也可能是正确的，因此不能将它同错误意见混同起来。明确这一点，才有可能正确认识和对待反面意见。

管理者应鼓励和支持下属提出不同意见，注意发现反面意见。当讨论问题出现反面意见时，既不要断然拒绝，也不要急于解释。而应以热情欢迎的态度，认真地耐心地听取，要让提出者详尽地阐明自己的意见和理由，然后对他们的意见进行认真的分析。对其中合理的部分应肯定，并纳入到方案或决议之中，有的合理意见由于某种客观原因一时不便纳入的，也应明确说明，以使提意见者理解。对其中不合理的部分，则应通过讨论，从正面说明道理，帮助提意见者提高认识。

还有一种情况是，有些下属会借发表意见之机向领导发难，以便试试领导的深浅。这种时候，千万不要与下属起争执，更不要表现得太过激烈，而是应当从容应对，及早抽身。

例如：有的人会拿自己最精通的事，故意发问，以探虚实。如果领导者被问得支支吾吾、含糊其词或是无言以答，他或许就会扬扬得意，甚至不客气地说出这样的话："科长，这样简单的事您也不知道？"

在这种场合，领导者如果涨红了脸，缄口无言，半晌不语，就会丧失应有的尊严，无法顺利地做好今后的管理工作。

因此，必须学会严肃地对待下属的发难。

比如说，在上述的场合下，可以从容不迫地回答一句："你对自己的业务已经干了三四年之久，应该精益求精才对。如果你这样炫耀自己掌握的一点知识，不就恰恰表示你还年轻无知吗？"

这样不温不火的话语、不愠不怒的态度，便是对发难的下属所施与的最沉重、最致命的反击。这样做，既不让事情进一步恶化，又可显示出自己的风度与气量。

当领导的固然应该是一位比别人略高一筹的"通才"，应该博学多识，多知多能，但却不可能对样样事务都精通。因此，在员工强过自己的事情上，可以不与之较量，而是采取迂回曲折的方式巧妙地回避开，紧接着高瞻远瞩，在自己强过对方的事情上，引导和启发下属。

与下属发生争论也是领导在实际工作中会经常遇到的场面。能否有效地处理这种尴尬的事件，也是决定领导者能否获得下属敬重的重要条件。

通常，如果领导者觉得让下属占上风，便会感到脸上无光，因而也急于想驳倒对方。然而，下属（尤其是性格倔强、脾气古怪的个别下属）也可能以不服输的劲头，硬是坚持自己的小道理，和领导开展激烈的争论。争论越激烈，双方的情绪就会变得越高昂，结果也就越是难以收拾。

因此，领导者应该明智地寻找退身之计，适时地说一句："看来，你对这个问题有一番研究啊！"这样一来，不仅让下属感到脸上增光，或是受宠若惊，而且领导者自己也有了可以下的台阶。

另外，要正确识别和对待错误意见。

对错误意见，管理者一定要冷静，仔细地分析，明确它们错在哪里，采取什么相应的方法，耐心地说明道理，使发言者从认识上得到提高，不影响方案和决策的制定；并且尽可能从这些错误意见中吸取有益的东西，使制定的方案和决策更加完善。

为了使下属发表意见的积极性不受挫伤，能够持久地保持下去，管理者需要对下属的意见，不管是正确的或错误的、正面的或反面的、重要的或不重要的、有价值的或没价值的，都有所交代。对正确的和有价值的意见，不仅口头上接受，工作中采纳，还要给予表扬甚至奖励。一切意见中的可取之处，都应吸收到方案或工作中去，并且告知提意见者。对没有可取之处和错误的意见，也应对提意见的人表示感谢，说明提意见就是对企业的关心，而关心就值得感谢，鼓励他们以后继续关心企业的事业，发现了问题和有什么想法及时提出来。

高明的领导绝不会忽视下属的参谋作用，他们会给下属创造一个有利于

7. 千万不要揭人疮疤

　　领导者常容易忽视的一个小错误就是揭人疮疤，盛怒之时，就容易出口不逊，说些诸如"这些低级错误你已经犯过一次了"之类的话。这样做是非常不妥当的，旧事重提不但无法教育对方，还会引起对方的反感。

　　苗丽是某公司的经理秘书，她虽然工作不久，但做事认真，把工作处理得井井有条，很得经理赏识。但有一天，经理要一份文件，苗丽翻来翻去却怎么也找不到，她急出一身汗，但那份文件就是不知所终。苗丽只好把这件事告诉经理，经理的脸立刻沉了下来："你是干什么的？竟然会把文件弄丢！"苗丽只好道歉："对不起，是我太大意了！不过经理能不能请您看看办公桌，文件会不会在您这里？"经理的情绪显然很不好，他立刻顶了回来："在我这儿我还找你要干吗？你是怎么做事的？！上次我让你帮我安排跟天马徐经理的会面，你就弄得很不好！"苗丽气愤得眼泪都快流了出来，那时她刚进公司所以工作没有做好，没想到这件小错经理还要翻出来说一说。后来，丢失的文件在一个文件夹里被发现了，原来是被夹错了文件夹，经理安抚了苗丽几句，但苗丽的心已经不在这个公司了，她每天上网找工作，希望离开这个公司。

　　对于今天该指责的事项，引用过去的事例是不适当的。只有当过去的例子可以作为追究事理方面原因的资料时，才可以把它拿出来。

　　如果牵扯到人的问题，感情的问题，那么别人就会产生这样的心理："那么久的事情了，现在还抓住不放，真太过分了。在这种领导手下工作，只怕是一辈子也不会有出头之日了。"

揭人疮疤，除了让人勾起一段不愉快的回忆外，于事无补。这不仅会叫被揭疮疤的人寒心，旁人一定也不大舒服。因为疮疤人人会有，只是大小不同。见到同事脓血淋漓的疮疤，只要不是幸灾乐祸的人，都会产生"兔死狐悲，物伤其类"的感觉。

"并不是我喜欢揭人疮疤，而是他的态度实在太恶劣，一点悔过的意思都没有，我这才忍不住翻起旧账来的。"有的领导会这样辩解说。

这并不是不能理解的。如果有必要指责其态度时，只要针对他的恶劣态度加以警告即可。每次针对一件事比较能收到好效果。集中许多事时，目标分散了，被批评的人反而印象不深。

调查表明：凡是喜欢翻旧账的领导，也喜欢把今天的事情向后拖延。这种拖延的人，指责下属也不干脆。他不能迅速解决问题，就会将各种问题、包括某人过去犯的错误累积起来，不知什么时候又提出来，完全失去了时间性，这是很笨拙的做法。

企业中的各种事务都要有个完结，这很重要。过去的事已经过去，我们应该努力把现在的事情做好。没有"今日事今日毕"的好习惯，把现在事拖到将来，那么，在将来的日子里，你就得不停地翻旧账。这是恶性循环，办事越拖，旧账越多，旧账越多，办事越拖。

领导要杜绝揭人疮疤的行为，除了要知晓利害，学会自我控制外，还须养成及时处理问题的习惯。不要把事情搁置起来，每个问题都适时解决，有了结论，以后也就不要再旧事重提，再翻老账。

常言道：清官难断家务事。许多人常常只因听对方提起一件小事或对方多说一句话，便怒火中烧，争执愈演愈烈。夫妻吵架越来越激烈的原因，往往也是互揭对方的疮疤。例如一方口无遮拦地脱口说出："别以为我不知道！

你过去……"，此话一出口，局面便无法收拾了。

为什么旧事重提会引起对方如此的反感和愤怒呢？其实不只是夫妇之间，一般人亦然，事过境迁之后，总认为自己已得到对方的宽恕，相信对方必然将过去的事忘了，并从此信任对方。所以，当对方重提旧事时，内心自然愤怒至极，认为原来他只是装作忘记，事实上他仍记挂在心！如此一来，不但从此不再相信对方，且可能因此而形同陌路。

此种心理也可运用在指挥下属的情形中。当上司对下属说"你的毛病又犯了"，相信下属必定感到相当反感。须知上司如果经常重提往事，下属必认为自己的上司是记仇的小人。从此以后，也许再也不愿向上司倾诉自己的真实想法了。

虽然有很多时候，领导者必须以责备的方式去教导下属，但切记要就事论事，不翻老账，忽视这个细节，你就会失去人心。

8. 与下属抢功得不偿失

有一个小错误是一些领导，尤其是基层领导最容易犯的——与下属抢功。一个与下属抢功的领导是无法成功的。他得到了近利，上级领导的褒奖；但却失去了远利，下属的支持和帮助。一个不受下属支持的领导又怎么能把工作做好呢？

有的管理者每次做出什么成绩，在向上邀功的时候，他们都会把员工撇在一边，好像成绩都是他一个人做出来的，跟员工没有一点关系。结果造成和员工一起做出来的成绩，却让管理者一个人独占功劳——这样的结果，简直就是让下属愤怒，就好像本是属于自己的东西被人抢去了一样！然而，由于抢走自己东西的人正是顶头上司，作为员工，只能敢怒不敢言。从某种意义上说，管理者的这种行为，与强人所难无异，令人不齿！换句话讲，这样长期下去，管理者本人也会身败名裂，真正害了自己。

作为一个企业管理者，如果做出抢夺员工功劳的事情，绝对是令人无法容忍的，因为这等于抹杀了员工为此做出的全部努力，让他们付出的时间、精力和心血白费！一些精明干练的管理者，他们共同的缺点，就是喜欢打头阵、做指挥。而有一些管理者却不相信员工的能力，已派给员工任务，自己却更加倍地在做。因此，他们对员工的要求相当严厉，丝毫不具同情心，有时部属要休假，就会表现出极端的不悦。诚然，像这种管理者他们对工作是相当卖力的，而且负起全责，甚至，每一个细微的部分，他都要插上一手，在上司面前，也从不错过任何表现机会。但这种情形，难免会产生一个结果，那就是将部属的功劳占为己有。

某公司的物流组长王强，就是这样的一个人。这人很民主，常会听取员工的意见："这看法不错，你将它写下来，这星期内提出来给我。"员工们听了这话会很高兴，踊跃地作各种企划，大家争着提供意见，当然，其中的大部分，也都为组长所采用了。然而，每一次发表考绩，这一切却都归功于组长一人。一年后，王强就完全被员工孤立了。他感到很迷惑，不了解员工叛离的原因，心想："是他们的构想枯竭了吗？那么再换些新人进来吧！"于是和其他部门交涉，调换了几个新人。

新人刚进入部门，王强就向他们提了一个要求："我们物流组，传统上是要发挥分工合作的精神，希望大家能够同心协力，提高物流组的业绩。"然而，并无人加以理会，他们心想："物流组的功绩，最后都总归于你一个人，你老是抢别人的功劳，一个人讨好上司。"像这样，将自己部门内的工作，完全归功于自己，是作为一个管理者很容易犯的毛病。任何工作，绝不可能始终靠一个人去完成，即使是一些微不足道的协助，也要表现由衷的感激，绝不可抹杀员工的努力。作为一个管理者，这是绝对要牢记的。

　　管理者不夺员工功劳，才有可能成功。对于管理者，不滥夺员工功劳，似乎很难办得到。"他的工作有成果，不是我从旁协助的吗？""这项工作由计划到指派，都是我的主意。"管理者认为下属的表现良好，全是自己的功劳。其实这是错误的，员工的表现突出，上司有一定的功劳，应属无可厚非的事。但是经常将好的成绩据为己有，差劲的就由员工自己去承担，这是最不得人心的上司。

　　一位高明的管理者，不但不争夺员工的功劳，有时还会故意把本属于自己的那份功劳推让给他们，这样会使每个员工都乐意全心全意替他工作。

　　当你将功劳让给员工时，切勿要求下属报恩，或者摆出威风凛凛的态度。因为员工可能会因此闹别扭、发脾气，甚至感到自尊心受损，进而采取反抗的行动。如此一来，反而得不偿失。

　　作为一个领导，最重要的就是能调动下属为我所用，让功给下属只是小事，但却会使他们心怀感激，尽心尽力地支持你的工作，孰得孰失，聪明的你自然会做出正确选择。

第六章
让细节给你的友谊加分

1. 把友情和金钱分开

生活中，很多人一不留神就把金钱渗透进了朋友交往中，有人甚至认为朋友就应该在金钱上互通有无，否则就算不上真正的朋友。这种想法其实是很危险的，友情一牵涉上金钱也就多了很多变数。

友情很伟大，友情又很脆弱，在经济生活中我们绝对不能滥用友情。正因如此，许多成功的商人都抱定了一个宗旨，不和朋友做生意，因为友情不容投资，和陌生人做生意能交上朋友，和朋友做生意会失去友情。

可是，事实上，我们都生活在发达的商品经济社会里，包括一般人际交往在内的任何类型的社会关系都不能脱离商品经济关系而存在，友情自然也不例外，它正受着现代经济关系的挑战。

我们如何应对这种挑战呢？也就是说，在日益复杂的经济交往和人际关系中，如何捍卫我们的友情呢？

（1）朋友之间尽量避免借贷

朋友之间开口借钱是最平常的事，因为是朋友，谁都有向朋友开口的事，朋友就是要相互帮助。当然，许多人都能做到好借好还，但也因各种原因，总有人不按时归还，或根本就不能归还。有的人甚至在借出之前就知道，这钱已丢在水里了。但不借吧，又碍于情面和友情，觉得对不住朋友，真是左右为难。

这个时候得问清楚，朋友用钱做什么，如果是生活所必需，用于衣食住行，那义不容辞，当然借，没偿还能力也必须借。反之则不然，因为他已经失去了最起码的信用，如果再去冒险做生意之类的事情，就必须拒绝。

再一点你可以给予一定数额的馈赠。如有人向你借六千元钱时，而他没有多少偿还能力或信誉不佳时，你可以主动资助他三百元或五百元，并言明，他可以不用还了。这样看来你吃亏了，但实际上你失去的并不多。

首先，由于你的无偿资助保护了你的友情，可能还加深了这种友情。其次，你也能避免更大的损失。因为有些借款是要冒大风险的。有一个人，他这样借钱。当朋友介绍他结识另一个朋友，他主动打电话交谈，这自然加深了友情。一天，他突然找到新结交的朋友，很随意地提出借钱，朋友也很自然地答应借了他一千元。他说一周后一定还，果然如期偿还。他的信誉就得到了保证。过了没有多久，他突然找到那位新朋友，一副十万火急的样子，开口就要借五千元，并说一周准还，有他前一次的信用在先，朋友当然帮忙，其结果，人去钱空。这便是一种诈骗，利用友情的诈骗。

所以有人这样说，借钱给你的朋友，就意味着可能失去一个朋友。

（2）金钱上不要不分你我

一些朋友情到深处干脆金钱上不分你我了，哥们儿嘛，你的就是我的，我的就是你的，在金钱上互相计较岂不太伤感情吗？！然而我们说再好的朋友也要保持距离，交友应该重在交心，来往有节，在金钱上不分你我就会给友情留下隐患，生活中好朋友为了金钱而翻脸的事并不少见。

那么，如果朋友之间真的需要金钱来往怎么办？答案就是立契约，先小人后君子，免得为金钱发生冲突。

做生意的朋友都有过同朋友合伙的体验，生意好做，伙计难处，民间早已有了定论。一般人都有这样的经历，在经济交往中，如果与一般的人有什么金钱交往，往往都会想到立个字据，而和朋友的交往，谁也不愿提及或根本就想不到字据这个说法。

现代社会是个法制社会，朋友间的任何交往也要接受法律的制约，我们的友情也要适应这个法制的社会。作为朋友，作为友情的载体，我们必须转换心态，不要让友情为我们承担太多的负担。

如果你真的珍视友情，就要注意不要把友情和金钱混为一谈，忽视了这个小问题，你就无法处理好朋友关系。

2. "长聚首"不如"常聚首"

在交友时，人们最容易忽略的一个细节就是与朋友保持一定距离，要"常"聚首，不能"长"聚首，"距离产生美"的原则在朋友交往中同样适用。

交往过密不留距离，就会占用朋友的时间过长，把朋友捆得紧紧的，使朋友心里不能轻松、愉快。

田雪把赵倩看成比一日三餐还重要的朋友，两人同在一个合资公司做公关小姐，公司的工作纪律非常严格，交谈机会很少，但她们总能找到空闲时间聊上几句。

下班回到家，田雪的第一个任务就是给赵倩打电话，一聊起来能达到饭不吃、觉不睡的地步，两家的父母都表示反对。

星期天，田雪总有理由把赵倩叫出来，陪她去买菜、购物、逛公园。赵倩每次也能勉强同意。田雪每次都兴高采烈，不玩一整天是不回家的。

赵倩是个有心计的姑娘，她想在事业上有所发展，就偷偷地利用业余时间学习电脑。星期天，赵倩刚背起书包要出门，田雪打来电话要她陪自己去裁缝那里做衣服，赵倩解释了大半天，田雪才同意赵倩去上电脑班。可是赵倩赶到培训班，已迟到了二十分钟，心里好大的不痛快。

第二个星期天，田雪说有人给她介绍了男朋友，要赵倩一起去相看，赵倩说："不行，我得去学习。"田雪怕赵倩偷偷溜走，一大早就赶到赵倩家死缠活磨，赵倩因此没有上成电脑班。

田雪一如既往，满不在乎，她认为好朋友就应该天天在一起。有时星期天照样来找赵倩，赵倩为此躲到亲戚家去住。这下田雪可不高兴了，她认为赵倩是有意疏远她。田雪说："我很伤心，她是我生活中最重要的人，可她一点也觉察不到。"

田雪的错误在于，首先是她没有觉察到朋友的感觉和想法，过密而没有距离的交往几乎剥夺了赵倩的自由，使赵倩的心情烦躁，不能合理地安排自己的生活。

之后，田雪开始与赵倩聚会少了，可是她惊奇地发现，她们的友谊反而更加深厚了。

看来好朋友不一定要长相守，适当保持点距离对友谊更有益处。

人之所以会有"一见如故"、"相见恨晚"的感觉，之所以会有"死党"的产生，是因为彼此的气质互相吸引，一下子就越过鸿沟成为好朋友，这个现象无论是异性或同性都一样。但再怎么相互吸引，双方还是会有些差异的，因为彼此来自不同的环境，受不同的教育，人生观、价值观不可能完全相同。

当二人的"蜜月期"一过，便不可避免地要产生摩擦，于是从尊重对方，开始变成容忍对方，到最后成为要求对方！当要求不能如愿，便开始背后挑剔、批评，然后结束友谊。

很奇怪的是，好朋友的感情和夫妻的感情很类似，一件小事也有可能造成感情的破裂。有一位朋友，他和租同一栋房子的房客成为朋友，后来因为对方一直不肯倒垃圾，他认为受到不公平的对待，愤而搬了出去，二人至今未曾往来。

所以，如果有了"好朋友"，与其太接近而彼此伤害，不如"保持距离"，以免碰撞！

人说夫妻要"相敬如宾"，才可以琴瑟和谐，但因为夫妻太接近，要彼此相敬如宾实在很不容易。其实朋友之间也要"相敬如宾"。要"相敬如宾"，"保持距离"便是最好的方法。

能"保持距离"就会产生"礼"，尊重对方，这礼便是防止双方碰撞的"海绵"。

有时太保持距离也会使关系疏远，尤其是现代社会，大家都忙，很容易就忘了对方。因此，对好朋友也要打打电话，了解对方的近况，偶尔碰面吃个饭，聊一聊，否则就会从"好朋友"变成"朋友"，最后变成"只是认识"了！

也许你会说，"好朋友"就应该同穿一条裤子，彼此无私呀！

你能这样想很好，表示你是个可以肝胆相照的朋友，但问题是，人的心是很复杂的，你能这么想，你的"好朋友"可不一定这么想。到最后，不是你不要你的朋友，而是你的朋友不要你！更何况，你也不一定真的了解你自己，你心理、情绪上的变化，有时你也不能掌握！

生活中有很多"死党""铁哥们儿"就因为从早到晚聚在一起，最后出现矛盾不欢而散。虽然有很多机会可以结交新朋友，但失去老朋友还是人生的一种损失。所以朋友之间还是保持一点距离的好。

3. 交友不要犯的七个小错误

在与朋友交往时，我们往往会不自觉地犯下一些小错误，这些小错误既伤人又害己，如果不及早纠正，就会妨碍你与朋友之间的交往。

（1）指责朋友不要太严苛

在与朋友的交往过程中，你总会发现朋友偶尔犯下这样或那样的错误，那么此时你应当怎样让朋友接受你的意见而不至于把关系闹僵呢？这正是你一展你的社交才能的时刻，也是对你自身素质的一种考验。

明代洪应明说过："攻人之恶，毋太严，要思其堪受；教人以善，毋过高，当使其可以。"意思是说，对待他人的错误，不应当以攻为能事，方法更不能粗暴，不能刺伤朋友的自尊心。如果自尊心受到伤害，即使你说的和做的千真万确，别人也不能心甘情愿地接受，又怎么能达到改过的目的呢？此时展现你的论辩才能就非常重要了。

指责他人之过，需要稍做保留，不要直接地攻讦，最好采用委婉暗示的语言，使对方自然地领悟，过激的言辞很可能会断送友谊。因此，责人过严的话最好不要说，要说的话，也必须改变语气。总而言之，这其中技巧运用的如何，也正是你社交能力与自身素质高低的一种体现。

孔子亦云："忠告而善道之，不可则止。"这是交友的学问。意思是朋友犯了错误，以诚意提供忠告，如果对方不听，就要中止劝告而暂时观察情况。如果过于唠叨，只会惹得对方厌烦，毫无效果。要不要接受你的忠告，终究要看对方，过于勉强只会损害友情。这也对我们自身的素质提出了更为严格的要求。

交往中发生分歧，双方往往都认为自己的意见、想法和做法是正确的，从而发生争辩。将对方驳倒固然令人高兴，但未必需要把对方驳得一无是处。因为这样不但对自己毫无好处，甚至有时会适得其反，得不到对方的认可，而且终有一天会自食恶果，受到对方的攻击。

（2）说话不可无信用

为人处世，信用两字是很要紧的。古代君子强调"一言既出，驷马难追"，"一诺千金，一言百系"，便都是讲的一个"信"字。我们现在讲恪守信用，"言必信，行必果"，这既是对别人负责，对事业负责，也是自己在社交中必须树立的一个形象。

古人还说："人无信，不可交。"指出不讲信用的人，不值得信任，甚至不值得与之交往。在当前的现实生活中，也常见有这种不守信用的人，他今天答应给你买火车票，结果到时连他的影子都找不到；他明天又邀请大家聚餐，而到时赴宴的全来了，唯独他本人不到场。试问：像这样的人与之交往，除了叫人上当受骗之外，还能有什么结果？

人与人之间的社会交往，是以相互信任为基础的。物以类聚，人以群分。言而无信的人，在社交场里最终都是肯定找不到他们自己的位置的。

（3）不要飞短流长

人际交往，贵在一个"诚"字。正如一句外国谚语所说："只要都掏出心来，便能心心相印。"那种在背后叽叽喳喳、飞短流长的做法，是一种旧时代小市民的低级趣味。它不但会破坏彼此之间的团结，伤害朋友之间的情谊，甚至还会酿成社会的不安定因素。同时，它也说明了一个人品格的低下。因此，在社交生活中，我们一定要注意以下几点：

①不要传播不负责任的小道消息。

②不要主观臆断，妄加猜测。

③对朋友的过失不能幸灾乐祸。

④不要干涉别人的隐私。

（4）不要随便发怒

喜怒哀乐，本是人之常情。心理学研究指出，随便发怒，就人与人之间的相互关系来说，会伤了和气和感情，会失去熟人之间的信任和亲近。制怒，则是一个人的理智战胜感情冲动的过程。而理智，恰好是一个彬彬有礼的人一种特有的标志。随便发怒，有人认为这是一个人的脾气，"江山易改，秉性难移"，似乎发怒是人的一种本性，其实这是误解。我们知道，多数人都有为自己的行为、信念和感情辩解的动机，因此，不知不觉中他就把自己和别人分别对待了，强求别人来适应自己，而把自己的意志强加于别人。这种不能以平等对待自己和别人的心理，还表现在不能平等地对待各种不同的人身上。例如：他对同事和下级，比对上级更容易发怒；他对妻子和儿女，比对父辈更容易发怒。因为他在强求别人来适应自己时，以为他的同事、下级、同辈或小辈都是应该服从他的旨意的。可见，随便向人发怒，是一种不尊重别人和不讲文明礼貌的行为。

（5）不要给朋友乱起绰号

绰号就是外号。它是依据每个人的特点而人为产生的。有些绰号，例如称中国女排名将郎平为"铁榔头"，称英国前首相撒切尔夫人为"铁女人"等，可以说是带有褒义的一种美称，这是包括本人在内都乐于接受的。但是，如果是另一种带有侮辱性的绰号，那就是另一回事了。决不能给人乱起绰号，因为它是不文明和不礼貌的行为。

有的绰号，是根据人的生理缺陷而拟就的，例如什么"瘪嘴"、"瞎子"等等。这无异于揭别人的短处，这种绰号一旦流传，往往会给当事人增加精神上的负担，影响其自尊心，甚至是对其人格的侮辱。

若有人给你起绰号，你要灵活对待和处理。如果只是偶尔开句玩笑，大可不予理睬，一笑了之，予以淡化。

（6）不要恶语伤人

恶语是指那些肮脏污秽、奚落挖苦、尖刻侮辱一类的语言。很显然，这是一种与文明礼貌相悖的粗俗的东西，与人与人之间平等友好的关系无疑是格格不入的。俗语说："良言一句三冬暖，恶语伤人六月寒。"恶言中伤，是最不道德的行为，不但我们自己不该说，听到这一类的话也不要随意乱传。说话要注意言辞口气，避免粗野和污秽。轻蔑粗鲁的语言使人感到受侮辱，骄横高傲的语言使人与你疏远，愤怒粗暴的语言有可能将事情导向不良后果。本来，语言是人们交流思想、信息和情感的工具，但恶语却是损害别人尊严、刺痛别人神经和破坏相互关系的祸根。

（7）不要嘲笑朋友的生理缺陷

生理上存在缺陷的人，一般都较为内向，内心会充满苦恼与忧伤，并由此常常感到自卑和失望。他们中，有些人因为行动不便，交际范围狭小，在集体场合或不熟悉的人面前显得腼腆拘谨，更不敢主动与正常人交往，有一种隔阂感。这些精神上的沉重负担，会使他们对精神需要看得比物质需要更重，特别渴望真诚的友谊、尊重、信任和感情，当受到别人的嘲笑、冷遇或不信任、不公平的对待时，也容易引起委屈、哀怨或其他情绪。作为朋友，你一定要注意保护他们的自尊心，多鼓励多帮助而不是嘲笑他们。

要想与朋友维持良好关系，你就一定要注意改正待人的一些小错误，这样才能与朋友融洽相处，获得友情。

4. 勇于认错挽回友情

朋友之间难免会发生一些争吵、矛盾，如果是你错了，那么就要勇于道歉。别把道歉当成无关紧要的小事，因为只有真诚的道歉才能修补友情的裂痕，消除人与人之间的隔阂。

在与朋友交往过程中，如果发现自己犯了错误，就一定要真心实意地道歉，不要再推托其辞，多作辩解，这样你的朋友就会乐于原谅你。

道歉不要拖延时间，扭扭捏捏、拖拖拉拉只会让对方因为与你有一道裂痕而疏远，甚至会导致对方跟你绝交。

要给对方时间，感情波动比较大时对方往往要经过一段时间才能重新冷静下来，如果自己请人原谅没有被当场接受，稍后再过去表达自己的内疚与不安。

有时候，对许多人来说，承认错误已是很痛苦的事，但要获得友谊，这还不够，还必须迅速及时地、真诚坦然地向别人道歉。

人与人之间，尤其是朋友与朋友之间，相知贵在知心，彼此袒露心扉，犹如打开一本书一样，不掩饰，不虚伪，相互谅解，坦诚相处，有了错误就要向对方真诚道歉，这样朋友相处得就会更和谐。

那么，我们应当怎样道歉呢？

①时机的选择。这是个重要因素。如果你认识到了自己的不对，你就应该立刻去道歉。当然，在对方心情愉快，时间悠闲的时候效果是会好一点的。比如说，你今天犯错了，隔了几天才认错道歉的话，也未免太不应该了。因为，事情过后你再去道歉，人们往往会怀疑你的真诚度。

②认错道歉要堂堂正正，不必奴颜婢膝。认错本身就是真挚和诚恳的表示，是值得尊敬的事情，大可不必为此一蹶不振。

③态度要诚恳，要坦率。当你因某件事想要对方谅解时，态度是很重要的。你应该坦率地向他说出你在这事中的缺点、错误，并表示改正，这才能证明你希望获得谅解的决心。

④敢于承担责任。既然是你已经做错了，就无需掩饰，勇敢地承担起责任才是获得谅解的最好办法。推卸责任或避而不谈，只能适得其反。

当然，当我们道歉时，也会出现对方不原谅，碰了钉子下不了台的情况，那么我们应该用什么态度去对待呢？首要的一点是，既然是自己错了，人家生气也是合理的，这颗苦果还是自己吞下为好，相信对方最终会谅解自己的。其次，我们还是应该多从主观上找原因，也许是因为自己道歉的方式、场合等不太恰当，而导致了这种情况。

其实，道歉也是有规律可循的。

道歉并非耻辱，而是真挚诚恳有教养的表现。既然是道歉，就说明真有后悔之意，认错一定要出于真心，否则没有好的效果。

道歉是值得尊敬的事，不必奴颜婢膝。我们想纠正错误是堂堂正正的事，何羞之有？

如果道歉的话说不出口，也写不了信，可以用别的方式代替。送一盆花、一件小礼物等都能表明我们的歉意。

如果应该向别人道歉，自己也决定道歉，就马上去做。时间的长短同道歉的效果成反比。万一在你未道歉时，对方已出远门，或者因为别的什么原因而拖延了道歉的时间，甚至再也没有了道歉的机会，你将悔恨一生。

如果自己没有错，不必为了息事宁人而认错。这种没有骨气、没有原则的做法，对双方均没什么好处。道歉认错和遗憾二者的概念是不同的，只是感到遗憾而并无什么主观错误的事不用去道歉。

如用信件道歉，要诚心诚意写上"对不起"三个字，并可附送一本好书、一盒糖果等。这种表示，说明自己愿承担一部分或全部责任，请求谅解。假如别人应向你道歉而没有道歉，你也不必闷闷不乐，也别生气。如果你实在憋不住，可写一封信，说明你不快的原因，或由别人传话，说你想消除这烦恼。如果他正觉难堪，此信息一来，他就会有所表示的，也许他正不知该怎么办才好呢。从中可见，诚挚的道歉是最明智的交友艺术。

在与朋友交往中，道歉是挽回自己过错的最直接也是最好的方法。因此如果你做了错事，就要勇敢而坦诚地向对方道歉，因为怕丢面子而不肯低头的人，只会白白葬送可贵的朋友情谊。

5. 对朋友也要有礼

朋友关系亲密时就容易不拘小节，不拘小节就容易闹矛盾，甚至危及彼此的交情。因此我们要注意，对好朋友也要讲礼仪，只有尊重朋友，才能让友谊长久。

阿拉伯有句谚语说："脚步踩滑总比说溜了嘴来得安全。"不论多亲密的朋友，还是必须有所节制，才不致坏了交情。

人是感情动物，每天的心理状况都不会相同。不但如此，每天受到天气、季节变化的影响所产生的情绪也各不相同，甚至早上起床时的情绪也会影响到整天的心情。所以一个人的精神状态是随时在变化的。

简单地说，一个人的反应会因为纷扰的心情而有所不同。如果你以为对方和自己的关系非比寻常，不会和自己计较，或是以为对方能够了解自己的心意而未加注意，反而很可能在不经意的情况之下受到伤害。

与人诚心交往是很重要的一件事，但却不是把心中所有的事都和盘托出，而是要一步一步慢慢地进入状态。

不论是多么亲密的朋友，交谈的措辞都不可疏忽，因为谨慎言辞就是一种礼仪的表现方式。

现今还遵守着传统礼仪的人，的确是愈来愈少了，但这里所指的礼仪概念却不是指那些繁文缛节的形式，而是你是否真正地了解到了礼仪的本质。

礼仪并没有特定的界限，但在和朋友长期交往之中，随时注意恪守礼仪与自我节制却是很重要的。一旦逾越了礼仪或失去节制，你也就失去了朋友。

我们说好朋友之间讲究礼仪，并不是说在一切情况下都要僵守不必要的烦琐的客套和热情，而是强调好友之间相互尊重，不能跨越对方的禁区。

社会上几乎人人都知道朋友的重要，都珍惜朋友之间的感情，但凡是人们珍惜的，也一定是稀少的，因而自古以来人们便慨叹"人生得一知己足矣"。其实，我们置身社会中，未必把每一个朋友都交到"知己"的程度。朋友可分为不同层次，有的是于事业有益的，有的是于生活有益的，有的是于感情有益的，也有的是于娱乐有益的。每一种朋友应该交到何种程度才恰到好处，才于人生有益，并没有一把尺子能量得出来。不论深交也罢，浅交也罢，朋友之谊人人皆知，但这"谊"并非信手拈来，重要的是方法，是怎样交友，怎样获得朋友之谊。

许多青年人交友处世常常涉入这样一个误区：好朋友之间无须讲究礼仪。他们认为，好朋友彼此熟悉了解，亲密信赖，如兄如弟，财物不分，有福共享，讲究礼仪太拘束也太外道了。其实，他们没有意识到，朋友关系的存续是以相互尊重为前提的，容不得半点强求、干涉和控制。彼此之间，情趣相投、脾气对味则合、则交，反之，则离、则绝。朋友之间再熟悉，再亲密，也不能随便过头，不讲礼仪，这样，默契和平衡将被打破，友好关系将不复存在。

和谐深沉的交往，需要充沛的感情为纽带，这种感情不是矫揉造作的，而是真诚的自然流露。中国素称礼仪之邦，用礼仪来维护和表达感情是人之常情。

而为了做到这一点，以下几种错误就是你要尽量避免的：

（1）傲慢跋扈、言谈不慎

相貌、才识、家庭、职务的优势都能促进别人与你的接近，大家和你在一起就好像也具有你的这些优势。这可能使你在朋友圈里有一种淡淡的优越感。但当心，这种优越感一旦失控就可能无意之中在朋友面前摆出一副傲然的态度，处处炫耀自己，看不起别人，从而失去友谊的平等互惠性，因为任何人都不愿出卖自尊心去换取友谊。

（2）彼此不分，不拘小节

有的人自认为大度豁达，对朋友借给的东西从不爱惜，甚至久借不还，随便乱翻乱用朋友的东西也从不事先打个招呼。长此以往，就会使朋友觉得你行为太粗俗，甚至认为你贪婪。青年人常把彼此不分当成友谊深厚的表现，但友谊的维持和发展，仍然需要珍惜、保护、遵守信用。朋友馈赠你东西，是情感物化的表现，但平日里，对借的东西总还得爱惜，否则会使人觉得你不可靠。

（3）不识时务、一意孤行

不管朋友工作是忙是闲，心情是好是坏，也不管什么场合，只顾自己夸夸其谈，人家急事在身也缠着不放。这样做就会被人觉得浅薄、没有教养。也有的人遇事固执己见，硬要别人屈从就范。这两种态度都反映了认识上的不成熟，不会体谅、理解人，也不能随情景的变化而调适自己的行为，这当然得不到朋友的好感。

（4）出尔反尔、不讲信用

这种人表面上很慷慨，答应别人的请求也不算不爽快，但答应之后即丢在脑后，忘得干干净净。当下次朋友催问的时候，只是用三两句话搪塞一番。也许你认为这是生活小事，但对别人来说，失信、毁约，意味着破坏了他人的工作安排，并且使别人的感情受到戏弄。这样的人是逢场作戏，敷衍应付，不能作为彼此信赖的好友。

除此之外，还有一种情况就是，忘记了"人亲财不亲"的古训，忽视朋友是感情一体而不是经济一体的事实，花钱不计你我，用物不分彼此。凡此等等，都是不尊重朋友，侵犯、干涉他人的表现。偶然疏忽，可以理解，可以宽容，可以忍受。长此以往，必生间隙，导致朋友的疏远或厌恶，友谊的淡化和恶化。因此，好朋友之间也应讲究礼仪，恪守交友之道。

当孩子学会有礼貌地对待客人，友好地对待小伙伴时……孩子总会得到父母和他人的奖赏；当孩子做了一件坏事，则毫无疑问会受到责罚。久而久之，一个社会的自我出现了。

自我的社会化，自我被社会同化为其中一名合格的成员，按照社会上一般的伦理规范和生活原则来实现自己的价值，这是受到社会一般原则赞许的。但是，我们要考虑的是，生活在一个集体和社会中，并不意味着你和他人仅仅是相安无事或者友好终生地生活着，并不意味着所有团体成员都能按照团体规范来规范行为。难以避免的利害冲突和其他原因影响着相互间的关系，产生一系列的矛盾并形成冲突，给人带来很多的烦恼。

有的人由于人际关系状况欠佳，导致产生不良情绪，影响整个生活、工作的质量。如果他希望化解人际矛盾、消除人际隔阂，他就应该有意识地进行人际交往心理的"加减法运算"。他可以有意识地减少一些不成熟的、不被人们所接受的为人处世、待人接物的态度及行为方式，如冷漠、任性、嫉妒、自我中心、损人利己；同时，有意识地增加一些成熟的、他人乐意接受的为人处世、待人接物的态度及行为方式，如热情、随和、宽容、尊重他人、公私兼顾。最终将会拥有良好的人际关系氛围，获得真正意义上的心理平衡。

朋友再亲密也不能忘了以礼相交，千万不要因为趣味相投就陷于松懈或粗心大意，不能彼此尊重的友情只会给双方带来伤害。

6. 误会是夹进朋友当中的楔子

朋友之间往来，有误会是正常的，但如果双方或有一方不能正确处理，那么朋友之间可能因一点小小的误会而反目成仇。

狄君是一出版社的负责人，经人介绍认识了一位"才高八斗"、服务于某家单位的朋友。狄君知道这位朋友平时也写一些文章，便要了几篇来看。虽然这些文章内容平平，没有特殊见地，不过狄君还是很热心地表示要为他出书。这位朋友也就"随缘"地把稿子整理出来交给狄君。

稿子排出来了，狄君把稿子送给那位朋友，请他看一看，谁知一放一年半，那位朋友一直说"忙"，一个字也没看。有一天，那位朋友来电，表示稿子看好了，并希望半个月内出版，因为他有升职的机会，这本书或许可助他一臂之力。狄君明知半个月不可能出版，但仍答应一试。

结果，书一个月后才出版，那位朋友也没有升职，两人见了面，那位朋友不但没有过去一副"感谢"的样子，反而有责怪狄君的意思。狄君向他解释出书有一定的流程和时间，可是那位朋友好像不太领情……

说起来狄君是相当"冤枉"、"委屈"的，因为他为那位朋友出书纯是一番好意，也没考虑到书出版后能不能卖，谁知最后反而被责怪了。

狄君的那位朋友也太自私，自己的升职泡了汤，却将责任推向了狄君，狄君本想结识这位朋友，却反而疏远了，这让狄君无可奈何。

我们之中有些朋友，不明白朋友的好意也就罢了，却天生好疑。天下本无事，经他一疑，误会便产生了，人家本来对他怀有好感，或者曾经是好友，他却以人家某句不经意的话，某一个无意识的动作或眼神，便怀疑别人脚下使绊，在暗中捣鬼，在议论自己，在中伤自己，说自己坏话，从而生出偏见，中断交情。

美国华尔街上历史悠久、资金雄厚的最大投资银行之一的莱曼兄弟公司曾经连续五年创下盈利纪录，达到空前鼎盛。在莱曼公司，彼得与格拉克斯曼彼此配合默契，共同领导着莱曼公司，使公司业务蒸蒸日上。格拉克斯曼是由彼得提拔上来的，彼得看重的就是格拉克斯曼大胆果敢的行动魄力，格拉克斯曼也投之以桃，报之以李。两个人就像亲兄弟一样亲密无间，但最终却由于误会毁掉了这个庞大的公司。

这件事的起因缘于一次午餐。一次，一位朋友邀请彼得共进午餐，彼得建议把刚在八星期前被提拔为总经理的格拉克斯曼也请来。在这次午餐会中，彼得与对方谈笑风生，而格拉克斯曼却备受冷落。这让格拉克斯曼受到极大的刺激，他认为这是彼得故意这么做的。他心里想："我要把他赶走！"

从此后，格拉克斯曼每天板着脸，旁敲侧击地攻击彼得。彼得退休后，格拉克斯曼掌握了公司大权。但他的猜疑之心随即转移到了其他几位股东的身上。几个月后，公司已有几名合伙人离去，公司内部人心涣散。

1983 年秋，厄运终于降临，莱曼公司的利润大幅度下降，公司面临困境。美国金融界巨头捷运公司提出愿购买莱曼。格拉克斯曼虽并不愿意出售公司，但已经无力回天。莱曼公司终于毁在了误会上。

朋友之间一旦有误会产生，需要双方友好和坦诚地交流，获得真实的认识，消除心中的误解。双方之间以冷淡的方式回避误会，或凭着情绪激化误会，都可能毁掉友谊。

误会不仅在一般朋友之间产生，即使是多年深交的老友，误会也是在所难免的。比如李星达，旁人看来他实属幸运，在一系列的打击中，他得到了好友衡源坚实的支持，使他得以走出"灾祸"的沼泽。

李星达的生活在惊涛骇浪之后，逐渐平静下来，这位坚强的汉子凭借自己的劳动让生活出现了曙光。但他心里的沉重一点也没有减轻，好友衡源为自己付出太多，简直让他无法回报。

严重不平衡的交往仍在维持，衡源主张李星达夫妇搬进自己的旧居，一是住房面积大，二是临街又处于闹市可以做点买卖。李星达知道那处房是衡源前两天才搬出来的，心里不想去，但盛情难却，李星达还是在好友的坚持下搬进了那间房。

之后，衡源还是常常来访，出手相当阔绰，李星达一再声明自己的生活可以维持，表面和心里都不愿意接受。

每逢衡源来访，李星达心中犹如针刺一样痛，他甚至害怕看到那些钱和物，自卑感折磨着他。

直到有一天，李星达开始躲避衡源，友谊成了李星达的包袱。

友谊成了包袱，就显得沉重了，当务之急是李星达和衡源坐下来，推心置腹以消除误解。

朋友之间没有误会也是不可能的，也许正确解决了一个误会，会使友谊在经历了考验后显得更加坚固，也可能一个不妥当的方法，使本来稳固的友谊变得岌岌可危，关键是要充分认识到误会这个"楔子"的巨大危害。

7. 让友情游离于合作之外

合作是因为双方为了同一个目标或利益走到一起，这种关系一开始就牵涉到利益等其他成分在里面，一般随着合作的成功或结束，这种合作关系也将随之消失，合作者互相成为朋友的很少，也很难，他们的合作目的就是为了共赢，而不是为了结交朋友。

人行走在社会中，必须面对很多人，和很多人合作共事，有时候，我们也愿意将合作者看作朋友，但并不是真诚的朋友。

二十七岁的广告撰稿员莱恩说："我每天要做大量的工作，我诅咒生活带来的压力。如果遇到谈得来的合伙人和我一起谈笑聊天，讨论工作问题，我的工作效率就高。另外，下班后常跟他在一起吃午饭很不错。总之，有了能够合作的人，工作起来就感到愉快。"

戴尔·卡耐基告诉他的学生，不论他们到谁的办公室，出于工作需要，脑子里一定要记住，"我喜欢他，我一定要面带笑容，说话要投其所好，让他觉得自己重要，尤其是决不能跟他发生口角，他是我的朋友"。

他真是你的朋友吗？能够合作的人之间也可以发展某种友谊，当然不是那种真诚的友谊。工作午餐会、酒会、交易会都跟彼此利益相关，这种聚会有时是金钱交易，有时只是为了答谢和回礼。

我们说建立在利益基础之上的友谊是不牢靠的，因为有共同利益的存在，一旦利益产生分配不均衡时，往往会有一定的危害，使合伙人各自分道扬镳。

张治朋从一家国营建材商店下岗后，一直找不到工作。单位每个月仅开给他不足两百元的生活保证金，远远不够维持一家三口的日常生计。张治朋很苦恼，四处寻找挣钱的门路。有一天，他碰见了多年不见的发小戴广久，聊起天来，才知道这位朋友也在寻求门路赚钱。戴广久过去在城建局工作，因犯错误被开除公职，如今也是家境日衰，经济困顿，求贷无门。两个人诉说起家中的苦衷和个人的想法，很快一拍即合，决定合作开一家建材商店。张治朋懂价格，通进货渠道，戴广久则利用以前与市各建筑公司的关系负责销售，彼此优势互补，很快达成了合作协议。

建材商店开业半年，盈利五万元，这对月收入不足两百元的两位合作者来说，不啻一个天文数字。可是到了分成拿利润的时候，两个人心中各自都有了一个小九九。张治朋想，要不是我通晓商品价格和进货渠道，山南海北地调货源，能挣这么多钱么？所以，戴广久要是不贪财，这五万元利润应该让我拿大头，给我三万元才合理。而戴广久呢，他心里也犯嘀咕：这位舅哥单枪匹马出外进货，没有人监督他，没准儿暗吃了许多回扣，两头赚钱。更何况，他虽然熟悉进货渠道，可要是没有我这些老关系，这些货物怎么就这样顺利地销出去呢？所以，这五万元利润应该多分给我一些才对……就这样，两个人想来想去，都走进了贪得无厌的死胡同，首先是张治朋试试探探地提出了多分一点利润的要求，接下来的就是戴广久跟他脸红脖子粗地争论，彼此一时间口多微词，互不相让，直争得对口叫骂起来。

接下来的事就可想而知了，张治朋逢人便说戴广久的坏话，把半年来两人合作过程中的耳鬓厮磨添枝加叶，制造出有关戴广久人品的种种说法，以此证明自己的功劳大、获利少、不贪财的品质；而戴广久当然也不是省油的灯，不管走到哪里，都对张治朋的贪心和不讲情理大加诋毁和指责。而且两个人都各自拿着商店的钱账不交，并像抢劫一样把商店的货物拉走，谁先下手谁就多拉去一些。至于外面的欠款，两个人谁也不还，互相推诿，张说应该由戴还，戴说应该由张还。这样，不但他们两人的关系搞得分崩离析，就连外面的客户也与他们闹得不亦乐乎。

很快，商店倒闭了，两个人又变成了无业人员，继续为寻不到赚钱门路而苦恼。合作使他们获得了一定的成功，但合作也使他们彼此不能再友好相处了。看来，合作双方很难突破合作这一界限而成为朋友，而由合作导致成为陌路人的，则像张、戴二人一样比比皆是。

问题的要害在于，既然是合作，就先把友谊放在一边，把利益谈清楚。朋友难交，合作关系的朋友更难以成为真正的朋友。往往是因为碍于情面，该谈的不谈，到最后不该争的利却要去争，其结果可想而知。

第七章
细节提高你的沟通能力

1. 说话也要"忌口"

每个人都有自己不喜欢提及的话题，如果你说话口无遮拦，那么就一定会让对方不高兴。所以我们说话时也要讲究"忌口"：敏感的话题不要碰，人家的隐私不要问，否则你就会得罪人。

为了避免引起别人的不快，一定要避免探问对方的隐私。在你打算向对方提出某个问题的时候，最好是先在脑中过一遍，看这个问题是否会涉及对方的个人隐私，如果涉及了，要尽可能地避免，这样对方不仅会乐于接受你，还会为你在应酬中得体的问话与轻松的交谈而对你留下好印象，为继续交往打下良好的基础。

有人喜欢当众谈及对方隐私、错处。心理学研究表明：谁都不愿把自己的错处或隐私在公众面前"曝光"，一旦被人曝光，就会感到难堪而恼怒。因此，必要时可采用委婉的话暗示你已知道他的错处或隐私，让他感到有压力而不得不改正。知趣的、会权衡的人自会适可而止，一般是会顾全自己的脸面而悄悄收场的。当面揭短，让对方出了丑，说不定会恼羞成怒，或者干脆耍赖，出现很难堪的局面。至于一些纯属隐私、非原则性的错处，最好的办法是装聋作哑，千万别去追究。

在交际场上，人们常会碰到这类情况，讲了一句外行话，念错了一个字，搞错了一个人的名字，被人抢白了两句等等。这种情况，对方本已十分尴尬，生怕更多的人知道，你如果作为知情者，一般说来，只要这种失误无关大局，就不必大加张扬，故意搞得人人皆知，更不要抱着幸灾乐祸的态度，以为"这下可抓住你的笑柄啦"，来个小题大做，拿人家的失误做笑料。因为这样做不仅对事情的成功无益，而且由于伤害了对方的自尊心，你将结下怨敌。同时，也有损于你自己的个人形象，人们会认为你是个刻薄饶舌的人，会对你反感、有戒心，因而敬而远之。所以，不要故意渲染他人的失误。

在社交中，有时遇到一些竞争性的文体活动，比如下棋、乒乓球赛等。尽管只是一些娱乐性活动，但人的竞争心理总是希望成为胜利者。一些"棋迷"、"球迷"就更是如此。有经验的社交者，在自己取胜把握比较大的情况下，往往并不把对方搞得太惨，而是适当地给对方留点面子，让他也胜一两局。尤其在对方是老人、长辈的情况下，你若穷追不舍，让他狼狈不堪，有时还可能引起意想不到的后果，让你无法收拾。其实，只要不是正式比赛，作为交流感情、增进友谊的文体活动，又何必酿成不愉快的局面呢？在其他的事情上也一样。集体活动中，你固然多才多艺，但也要给别人一点表现自己的机会；你即使足智多谋，也不妨再征求一下别人的意见，独断专行是不利于社交的。此时，要给对方留点余地。

在交往中，我们有时结识了新朋友，即使你对他有一定好感，但毕竟是初交，缺乏更深切的本质性的了解，你不宜过早与对方讲深交、讨好的话，包括不要轻易为对方出主意，因为这很可能会导致"出力不讨好"。因为对方若实行你的主意，却行不通，好友尚可不计，但其他人则可能以为你在捉弄他。即使行之有效，他也不一定为几句话而感激你。除非是好友，否则不宜说深交的话。

有些事情，对方认为不能做，而你认为应该做；或者对于某事，你是箭在弦上，不得不发，而他却又认为不该做，或做不了。这时你不要把自己的意见强加到他头上。强人所难，是不礼貌、不明智的。有的人说话时旁若无人、滔滔不绝，不看别人脸色，不看时机场合，只管满足自己的表现欲，这是修养差的表现。说话应注意对方的反应，不断调整自己的情绪和讲话内容，使谈话更有意思，更为融洽。强人所难和不分场合时机做事都是应当避免的。

你必须注意，即使是一个很好的话题，说时也要适可而止，不可拖得太长，否则会令人疲倦。说完一个话题之后，若不能引起对方发言，或必须仍由你支撑局面，就要另找新鲜题材，如此才能把对方的兴趣维持下去。

说话不能只图自己痛快，不管别人高不高兴。说话不懂得忌口虽然看似小毛病，但如果不及时改正，它却可能毁了你的人际关系，让你变成一个不受欢迎的人。

2. 与人交谈别犯禁忌

交谈中的禁忌大多体现在细微之处，因此常容易被人忽视，结果你莫名其妙就把对方惹得不高兴。为了避免这种情况发生，你必须检讨自己，让自己在与人交谈时不再犯忌。

（1）不要总是自吹自擂。

有些人总喜欢胡乱地吹嘘自己。这种人的口才或许真的很好，但只会令人厌恶而已。

这样的家伙并非直率，就连一件单纯的事他都要咬文嚼字地卖弄一番，看起来好像很精于大道理的样子，说穿了只是强烈的自我表现欲所产生的虚荣心在作祟。

以简单明了的词汇来发表言论，必须先充实实际内容，再以简单而贴切的词汇表达出来。若非具有这种功力，就无法具备以简单明了的词汇来表现的实力，这其实远比稍具难度的辩论更困难。

有些人乍看之下很平凡且没有可贵之处，但经过认真地交谈之后，就能够很直接地被其内在的思想所感染，这种人所使用的词汇往往最简单明了。

朋友关系必须建立在真诚之上，花哨不实的言论只适合逢场作戏。朋友是靠互相感动、吸引，而不是硬性地逼迫对方接受自己的意见。为了强硬地使对方接受自己的意见，卖弄一些偏僻冷门的词汇，来表现自己的程度高人一等，这在对方看来，只觉得和你格格不入而无法接受你的看法。

朋友必须是彼此真心真意地了解，以建立一种"心有灵犀一点通"的沟通方式为目的。彼此要在交往中培养相知相惜的情谊。

（2）不要不懂装懂。

社会上一知半解的人一多，就容易流行起一股装腔作势之风。如果凡事都一无所知，心里便容易产生唯恐落于人后的压迫感，这也是人们常见的心态。在绝不服输或"输人不输阵"的好胜心作祟下，随时都想找机会扳回面子。

有位不具规模的小杂志社社长 N 先生，不管是什么场合他总喜欢装腔作势，故意地降低自己的声调来表现庄重的样子。不但如此，他还总是一副无所不知的样子，这种姿态让人觉得他好像在做自我宣传。

然而不论他再怎么装腔作势，夹着再多的暗示性话语或英语来发表高见，还是得不到他人的认同。而这位仁兄所出版的杂志，也永远上不了台面。

他所出版的刊物，总是被人批评为现学现卖、肤浅，这是因为他对任何事都喜欢评断。当他一开口说话，旁边的人就说："天啊！又要开始了。"然后便咬着牙，万分痛苦地忍着。这和说大话、吹牛并无不同。自己本来没有高人一等的智慧，却装出一副什么都知道的样子，这样会让人看作是虚张声势的伪君子。

在朋友关系中最令人敬而远之的，就是这种一点也不可爱的男性。

承认自己也有不知道的事并不丢人，为了要自抬身价而不懂装懂，一旦被对方看穿，反而会令对方产生不信任感而不愿与你交往。

"闻道有先后，术业有专攻"，每个人都有自己的专长，不可能每件事都很精通。

愈是爱表现的人，愈是无法精通每件事。交朋友应该是互相地取长补短，别人比自己专精的地方就不耻下问。即使是自己很专精的事，也要以很谦虚的态度来展现实力，这样才能说服他人。

所谓很谦虚的态度，是指对于自己专精的事物，不妨表示一下自己的意见，只是说话技巧要高明。

现代社会可以说是一个高度复杂的信息时代，每个人所吸收的知识都不可能包含万事万物。若不以虚心的态度与人交往，如何能够受到大家的欢迎。凡事都自以为是的人，必然得不到大家的尊敬。

不论是不懂装懂或是真的无知，都同样有损交际范围的扩展。

（3）切记避免随意附和别人。

每个人讲话都有其独特的方式，无论是讲话的语言还是手势，都具有个人色彩。例如美国人最擅长以夸大的动作，表现自己内心感受的极限；欧洲人和东方人则比较含蓄、内敛，不轻易把自己内心的感受，一五一十地表现于外。但也不能一概而论社交活动和说话一样，需要借助情感的大力支援，也就是必须集中情感来表达才能打动人心。人并不是机器人，说话一定会有抑扬顿挫。

会话必须要加入自己的意见才能成立，有的人总是习惯于附和别人说的话，但这种没有自己思想的附和语词，并不能表现出个人的独立人格与意见。

许多人在交谈时有"我同意……但是我认为……"的习惯用语。其实在朋友交谈中，朋友想要听的是你个人的看法，而不只是要你附和地回答"是的"。要让自己成为更独特的人就必须与一般人有所区别，尽量地表现出自己独特的看法。

（4）不要使用质问或批评的语气。

用质问式的语气来谈话，是最易伤感情的。许多夫妻不睦，兄弟失和，同事交恶，都是由于一方喜欢以质问式的态度来与对方谈话所致。除遇到辩论的场面，质问是大可不必的。如果你觉得对方的意见不对，你不妨立刻把你的意见说出，何必一定要先来个质问，使对方难堪呢？有些人爱用质问的语气来纠正别人的错误，这足以破坏双方的情感。被质问的人往往会被弄得不知所措，自尊心受到大大的打击。尊重别人，是谈话艺术必需的条件，把对方为难一下，图一时之快，于人于己皆无好处。你不想别人损害你的尊严，你也不可损伤别人的自尊心。

对方谈话中不妥当部分，固然需要加以指正，但妥当部分也须加以显著的赞扬，这样对方因你的公平而易于心悦诚服。改变对方的主张时，最好能设法把自己的意思暗暗移植给他，使他觉得是他自己修正的，而不是由于你的批评。对于那些无可挽救的过失，站在朋友的立场，你应当给予恳切的指正，而不是严厉的责问，使他知过而改。纠正对方时，最好用请教式的语气，用命令的口吻则效果不好。要注意保全或激励对方的自尊心。

这几种毛病虽小，但如果不加以注意，就会影响我们的谈话效果，因此你应该对照反省一下自己，有则改之，无则加勉。

3. 玩笑不是随便开的

社会交往中，开个玩笑可以松弛神经、活跃气氛，创造出一个适于交际的轻松愉快的氛围。玩笑事虽小，但如果开得不得体，那么就有可能伤害感情、引起纠纷。

一家出版社里的一位男士新婚不久，大概是心情愉快，生活稳定吧，人渐渐胖起来。

有一天，一位女同事的先生来，他和那位日渐发胖的男士是旧识，大家聊了一会儿，女同事的丈夫突然对新婚的男士说："你怎么搞的？胖得这个样子，满脸横肉，改杀猪了？"大家听了笑了起来。

那位男士一时变了脸色，一句不吭。等笑他胖的那人走了，他才爆发开来。

好朋友彼此间开玩笑，有点过但无伤大雅就可以了，但那女同事的先生的用词的确太损了些，难怪人受不了。后来呢？被笑胖的那位同事和笑人胖的那位先生再也没有来往过。

生活中，由一个玩笑造成的悲剧实在是太多了，皆因玩笑伤害了自尊。

所以，开玩笑、损人应有分寸，否则伤害人、得罪人而不自知，那才得不偿失。

当然，玩笑的过火是避免不了的，但也不能因为如此就拒绝玩笑，整天一本正经，因为这样反而会拉远你和别人之间的距离。但要开玩笑之前，应有些认识，再豁达随和的人也有自尊心，他也许可以不在乎一百次一千次的玩笑和嘲弄，但不能忍受他在乎的人或事被开玩笑、嘲弄。你若搞不清楚他的好恶，开了不得体的玩笑，他就算不发作，也会记在心里。人不可能完全了解另一个人，这点你必须承认，更何况有人天生敏感，容易受伤，你认为好玩的，他不认为好玩，也就是说，开玩笑要看人。

喜欢开玩笑或嘲弄别人的人常不知不觉就过了头，因此开玩笑之前应三思，以免出口成刀，伤害他人。

为了避免引起不必要的麻烦，开玩笑时，一定要注意以下细节：

（1）内容要高雅

笑料的内容取决于开玩笑者的思想情趣与文化修养。内容健康、格调高雅的笑料，不仅给对方启迪和精神的享受，也是对自己美好形象的塑造。

（2）态度要友善

与人为善，是开玩笑的一个原则。开玩笑的过程，是感情互相交流传递的过程，如果借着开玩笑对别人冷嘲热讽，发泄内心厌恶、不满的感情，那么除非是傻瓜才识不破。也许有些人不如你口齿伶俐，表面上你占到上风，但别人会认为你不尊重他人，从而不愿与你交往。

（3）行为要适度

开玩笑除了可借助语言外，有时也可以通过行为动作来逗别人发笑，但玩笑千万不能过度。

（4）对象要区别

同样一个玩笑，能对甲开，不一定能对乙开。人的身份、性格、心情不同，对玩笑的承受能力也不同。

一般来说，后辈不宜同前辈开玩笑；下级不宜同上级开玩笑；男性不宜同女性开玩笑。在同辈人之间开玩笑，则要掌握对方的性格情绪信息。

对方性格外向，能宽容忍耐，玩笑稍微过大也能得到谅解。对方性格内向，喜欢琢磨言外之意，开玩笑就应慎重。对方尽管平时生性开朗，但恰好碰上不愉快或伤心事，就不能随便与之开玩笑。相反，对方性格内向，但恰好喜事临门，此时与他开玩笑，效果会出乎意料的好。

总之，开玩笑一定要把握分寸，因人、因事、因地而异，只有既得体又诙谐的玩笑才能受到人们的欢迎和喜爱。

4. 与陌生人交谈要注意的细节

生活中、工作中我们常常要跟陌生人打交道，与陌生人打交道的能力是一个人交际水平的体现。而要想迅速拉近与陌生人的距离，就要从细节入手。

当你走进陌生人住所时，你可凭借你的观察力，看看墙上挂的是什么？书法、摄影作品、乐器……都可以推断主人的兴趣所在，甚至室内某些物品会牵引起一段故事。如果你把它当做一个线索，不就可以由浅入深地了解主人心灵的某个侧面吗？当你抓到一些线索后，就不难找到合适的开场白。

如果你不是要见一个陌生人，而是要参加一个充满陌生人的聚会，观察也是必不可少的。你不妨先坐在一旁，耳听眼看，根据了解的情况，决定你可以接近的对象。一旦选定，不妨走上前去向他作自我介绍，特别对那些同你一样，在聚会中没有熟人的陌生者，你的主动行为是会受到欢迎的。

应当注意的是，有些人你虽然不喜欢，但必须学会与他们谈话。当然，人都有以自我兴趣为中心的习惯，如果你对自己不感兴趣的人不瞥一眼，一句话都不说，恐怕也不是件好事。你可能被人认作是傲慢，甚至有些人会把这种冷落当做侮辱，从而与你产生隔阂。和自己不喜欢的人谈话时，第一要有礼貌；第二不要接触有关双方私人的事，这是为了使双方自然地保持适当的距离，一旦你愿意和他结交，就要一步一步设法缩小这种距离，使双方容易接近。

在你决定和某个陌生人谈话时，不妨先介绍一下自己，给对方一个接近的线索。你不一定先介绍自己的姓名，因为这样人家可能会感到唐突。不妨先说说自己的工作单位，也可问问对方的工作单位。一般情况，你先说说自己的情况，人家也会相应告诉你他的有关情况。

接着，你可以问一些有关他本人的而又不属于秘密的问题。对方年龄大的，你可以向他问子女在哪里读书，也可以问问对方单位一般的业务情况。对方谈了之后，你也应该顺便谈谈自己的相应情况，才能达到交流的目的。

和陌生人谈话，要比对老朋友更加留心对方的谈话，因为你对他所知有限，更应当重视已经得到的任何线索。此外，他的声调、眼神和回答问题的方式，都可以揣摩一下，以决定下一步是否能纵深交往。

现将与陌生人交谈需要注意的细节总结如下：

①主动了解对方的兴趣爱好。

初次见面的人，如果能用心了解与利用对方的兴趣爱好，就能缩短双方的心理距离，而且加深给对方的好感。例如，和中老年人谈健康长寿，和少妇谈孩子和减肥以及大家共同关心的宠物等。即使自己不太了解别人，也可以谈谈新闻、书籍等话题。这样，能在短时间内给对方留下深刻印象。

②从身边琐事说起。

著名作家丁·马菲说过："尽量不说意义深远及新奇的话语，而以身旁的琐事为话题作开端，这是促进人际关系成功的钥匙。"

③别随便否定对方的行为。

初次见面是建立良好人际关系的重要时期，在这种场合，对方往往不能冷静地听取意见、建议并加以判断，而且容易产生反感。同时，初次见面的对象有时也会恐惧他人提出细微的问题来否定其观点。因此，初次见面应当尽量避免有否定对方的行为出现，这样才能营造紧密的人际关系。

④了解对方所期待的评价。

心理学家认为，人是这样一种动物，他们往往不满足现状，然而又无法加以改变，因此只能各自持有一种幻想中的形象，或期待中的盼望。他们在人际交往中，非常希望他人对自己的评价是好的，比如胖人希望看起来瘦一些，爱美的女人愿意显得年轻些，急欲升迁的人期待实现的一天。

⑤注意审视自己的表情。

人的心灵深处的想法，都会形之于外，在表情上显露无遗。一般人在到达约会场所时，往往只检查领带正不正、头发乱不乱等问题，却忽略了表情的重要性。如想留给初次见面的人一个好印象，不妨照照镜子，谨慎地检查一下自己的脸部表情是否和平常不一样，过分紧张的话，最好先对着镜中的自己傻笑一番。

⑥注意把握时间。

初次见面的场合中，如果有一方想结束话题，往往会有看手表等对方不易察觉的无意识动作。因此，当你看到交谈的对方突然焦躁地看着手表，或者望着天空询问现在的时刻，就应该早结束话题，让对方明了你不是一个毫无头脑的人，你清楚并尊重他的想法，必能留给对方一个美好的印象。

⑦让对方谈得意之事。

任何人都有自鸣得意的事情。但是，再得意、再自傲的事情，如果没有他人的询问，自己说起来也无兴致。因此，你若能恰到好处地提出一些问题，定使他心喜，并敞开心扉畅所欲言，你与他的关系也会融洽起来。

⑧坐在对方的身边。

面对面与陌生人谈话，确实很紧张，如果坐在对方的身边，自然会比较自在，既不用一直凝视对方，也避免了不必要的紧张感，而且会很快亲近起来。

⑨尽量接近对方的身体。

每个人都会在自己的身体周围设定一个势力范围，一般只允许特别亲密的人侵入。如果你侵入了，就会产生与对方有亲密人际关系的错觉。比如，推销员往往一边说话一边若无其事地移动位置，直到坐在客户的身旁，好感顿生。因此，若想早日建立起亲密的关系，必须找机会去接近对方的势力范围。

⑩以笑声接近对方。

做个忠实的听众，适时的反应情绪，可以使对方摈弃陌生感、紧张感，从而发现自己的长处。尤其要发挥笑的作用，即使对方说的笑话并不很好笑，也应以笑声支援，产生的效果或许会令你大吃一惊，因为，双方同时笑起来，无形之中产生了亲密友人一样的气氛。

找出与对方的共同点引起共鸣。

任何人都有这样一种心理特征，比如，同一故乡或同一母校的人，往往不知不觉地因同伴意识、同族意识而亲密地连结在一起，同乡会、校友会的产生正是如此。若是女性，也常因血型、爱好相同产生共鸣。

先征求对方的意见。

不论做任何事情，事先征求对方的意见，都是尊重对方的表示。在处理某一件事中，身份最高的人握有当时的选择权，将选择权让给对方，也就是尊重对方的表示。而且，不论是谁，都希望得到他人的尊重，决不会因此不高兴或不耐烦。

记住对方的重要纪念日。

当你得知对方的结婚纪念日、生日时，要一一记下来，到了那天，打电话以示祝贺。虽然只是一个电话，给予对方的印象却很强烈。尤其是本人都常忘记的纪念日，一旦由他人提起，心中的喜悦是难以形容的。

有"礼"走遍天下。

馈赠礼物时，与其选择对方喜欢的礼物，倒不如选择其家人喜欢的礼物。哪怕是一件小小的礼物给对方的妻子，她对你的态度就会改变，而收到礼物的孩子们更会把你当成亲密的朋友，你将得到全家人对你的欢迎。

亲切地直呼对方的名字。

我们都习惯在比较亲密的人之间才只称呼名字。连名带姓地呼叫对方，表示不想与他人太过亲密的心理，所以，直呼对方的名字，可以缩短心理的距离，获得意想不到的效果。

与陌生人交谈其实并不可怕，你大可不必表现得太拘谨，只要你把握细节，大胆行动，就能迅速把陌生人变成好朋友。

5. 赞美也要讲方法

赞美别人也要注意细节问题，干巴巴或是不着边际的赞美只会惹人生厌。

在人类的天性中，有一点是共同的，那就是得到别人的喜欢和赞美，因此如果你能在生活中恰到好处地赞扬别人，那么你就会得到他人的喜欢。

要想用赞美打动对方的心，你还需要注意一些细节问题：

（1）赞美要细致入微

日常交往中经常可听到这样的赞美词："你这个人真不错"，"你这篇文章写得真好"等等。究竟好在哪些方面，好到什么程度，好的原因又何在，不得而知。这种赞美语显得很空洞，别人以为你不过是在客气，在敷衍。

所以，赞美语应尽可能做到热诚具体、深入细致。比如赞扬一个人穿的衣服漂亮，你不妨说："这件衣服穿在你身上很合身，颜色漂亮，人显得精神多了。"美国社会心理学家海伦·H·克林纳德认为，正确的赞美方法是把赞美的内容具体化，其中需要明确三个基本因素：你喜欢的具体行为；这种行为对你的帮助；你对这种帮助的结果有良好感受。有了这三个基本因素，赞美语才不至于笼统空泛，才能使人产生深刻的印象。

（2）赞美要与众不同

在称赞别人的时候，要明白无误地告诉他，是什么使你对他印象深刻。你的赞赏越是与众不同，就会越清楚地让对方知道，你曾尽力深入地了解他，并且清楚地知道自己现在有此表达的愿望。

称赞对方具备某种你所欣赏的个性时，你可以列举事例为证。比如，他提过的某个建议或采取过的某一行动："对您那次的果断决定，我还记忆犹新呢。这个决定使您的利润额上升了不少吧？"

应尽量点明你赞赏他的理由。不仅要赞赏，还要让对方知道为什么要赞赏他："当时您是唯一准确地预料到这一点的人。"

数据能使你的赞赏更加确实可信："有一回我算了一下，用您的方法可以节省多少时间，结果是……"

如果可能，不妨有选择地给你的一些客户或合作伙伴书面致函，表示你对他们的欣赏。只要你有充足的理由，完全可以把你的赞美之辞写下来，书面赞赏的效果往往非常好。如果你的文笔既有深度又与众不同，对方会百读不厌。

（3）赞美要恰如其分

请注意，你的赞赏要恰如其分。不要借一件不足挂齿的小事赞不绝口，大肆发挥，也别抓住一个细枝末节便夸张地大唱颂歌。这样显得太过牵强和虚假。

你的用词不可过分渲染夸张，不要动辄言"最"。当对方用五升装的大瓶为你斟酒时，你可别故意讨好地说："这真是最好的葡萄酒！"

别让对方觉得你对他的称赞是例行公事。你当然应该比现在更经常地对你的伙伴表示赞赏，但可别在每次谈话时都重复一遍，特别是在对方与你经常见面的情况下更要牢记这一条。最重要的一点是，不要每次都用一模一样的话来称赞对方。

（4）赞美要因人而异

即使是因为相同的事由，你也不应以同样的方式来称赞所有的人。不要去找任何时间、场合下对任何人都适用的"赞赏万金油"，它是不存在的。

避免给对方留下"这人对谁都讲那么一套"的坏印象。

在很多人的聚会中，你千万不要搬出前不久刚称赞过其中某一位的话，再次恭维其他人。还是仔细想一想，这个人与他人相比，到底有何突出之处，这样就能因人制宜、恰到好处地赞扬别人。

（5）赞美要把握机会

不要突然没头没脑地就大放颂辞。你对对方的赞赏应该与你们眼下所谈的话题有所联系。请留意你在何时以什么事为引子开始称赞对方。对方提及的一个话题，他讲述的一个经历，也可能是他列举的某个数字，或是他向你解释的一种结果，都可以用来作为引子。

要是他没有给你这样的机会，你就自己"谱"一段合适的"赞赏前奏"，使得对方不致感觉这赞扬来得太突然。不妨用一句谦恭有礼的话来开头："恕我冒昧，我想告诉您……"、"我常常在想，我是不是可以说说我对您的一些看法……"

这种"前奏"还有两大功用：一是唤起听话者的注意力，二是使你的称赞显得更加恳切诚挚。

（6）赞美要讲究方式方法

重要的不仅是你说了些什么，还有你是怎样来表达的。你的用词，你的姿势和表情，以及你称赞他人时友善和认真的程度都至关重要。它们是显示你内心真实想法的指示器。

你应直视对方的眼睛，面带笑容，注意自己的语气，讲话要响亮清晰、干脆利落，不要细声慢语、吞吞吐吐，也别欲语还休。

小心不要用那种令人生厌的开头："顺便我还可以提一下，您的还算不赖"，这让你的称赞听起来心不甘、情不愿，又像是应付差事。

如果合适，你甚至可以在称赞的同时握着对方的手，或轻轻拍拍他的胳膊，营造一点亲密无间的气氛。

（7）赞美不要跑题

赞赏对方的机会几乎总是出现在偏重私人性的谈话中。大多数时候在谈话中你一定会谈及其他事情。但你对对方的称赞应始终成为一个相对独立的话题和段落。赞赏对方的这个时刻，你越是集中注意力，心无旁骛，赞赏的效果就会越好。所以，在这一刻你不要再扯其他事情，要让这一段谈话紧紧围绕你的赞赏之辞，不要中途"跑题"。

让对方对你的赞美之辞有一个"余音绕梁"的回味空间，不要话音刚落就将话题转到其他双方有分歧的事情上，弄得对方前一刻的喜悦心情顷刻化为乌有。

（8）赞美不要打折扣

别把你的称赞和关系到实际利益的话题联在一起，这些话题换个场合交谈会更合适。假若你的谈话旨在推销产品或获取信息，你称赞了对方之后要留出些时间，不能马上话锋一转切入主题。要避免给对方这样的印象：你前面的赞誉只是实现你推销目标的一块铺路石。

请不要用煞风景的陈词滥调来结束你们的谈话。记住，纯粹的赞赏效果最佳！

许多人在称赞他人时都易犯一个严重的错误，他们把赞赏打了折扣再送出。对某一成绩他们不是给予百分之百的赞赏，而是画蛇添足地加上几句令人沮丧的评论或是一些能很大程度削弱赞赏的积极作用的话语。比如："您做的菜味道真好，哪一样都不错，就是汤汁里的黄油加多了。"这种折扣不仅破坏了你的赞扬，还有可能成为引起激烈争论的导火素。

尤其那些对杰出成绩的赞赏，几乎无一例外地和批评一起"搭卖"。成绩越突出，人们就越觉得自己有责任去"评论"而不仅是称赞这一成绩。他们无法忍受只唱赞歌，一定要多少挑出点缺憾才罢休。同时，他们错误地把赞赏他人当成了自我表现的机会。他们以为他们能够通过打了折扣的赞赏来证明自己的"批判性思维能力"，从而也出出风头，显出他们的理性和水平。

任何赞赏的折扣，哪怕再微小，也使赞赏有了瑕疵，从而产生了不必要的负面影响。它破坏了赞赏的作用，使受称赞的一方原有的喜悦之情一扫而空，反而是那几句"额外搭配"的评论让人难以忘怀。

（9）赞美要语言明确

一男青年晚上在饭店碰到一位认识的女士，她正和一位女伴在用餐，两人刚听完歌剧，穿戴漂亮。这位男青年不觉眼前一亮，很想恭维一下对方："今晚你看上去真漂亮，很像个女人。"对方难免生气："我平常看上去什么样呢？像个男人吗？"

称赞的话会由于用词不当，让对方听来不像赞美，倒更像是贬低或侮辱。结果自然是事与愿违，不欢而散。

所以在表扬或称赞他人时也请谨慎小心。请注意你的措辞，尤其要注意以下几条基本原则：

①列举对方身上的优点或成绩时，不要举出让听者觉得无足轻重的内容，比如向客户介绍自己的销售员时说他"很和气"或"纪律观念强"之类和推销工作无甚干系的事。

②你的赞扬不可影射对方缺点。比如一句口无遮拦的话："太好了，在一次次半途而废、错误和失败之后，您终于大获成功了一回！"

③不能以你曾经不相信对方能取得今日的成绩为由来称赞他。比如："我从来没想到你能做成这件事"或是"能取得这样的成绩，你恐怕自己都没想到吧。"

另外，你的赞词不能是对待小孩或晚辈的口吻，比如："小家伙，你做得很棒啊，这可是个了不起的成绩，就这样好好干！"

（10）赞美要有力度

或许有些人很少受表扬，所以听到别人称赞他时会不知所措。还有些人在受到称赞时想要表明，取得优秀成绩对他来说是家常便饭。这两种人面对赞赏的反应几乎一模一样："这不算什么特别的事，这是应该的，是我的分内事。"

听到对方这种回答时，你不要一声不响，此时的沉默表示你同意他的话。这就好像在对他说："是啊，你说得对，我为什么要表扬你呢，我收回刚才的话。"

相反，你应该再次称赞他，强调你认为这是值得赞赏的事。请简短地重复一遍对他哪些方面的成绩特别看重，以及你为什么认为他表现出众。

只有把握好细节的赞美，才不会被人认为是可有可无的客套话。好听的话，也要有好的表达方式才能产生好的效果。

6. 注意细节才能不被误解

在人际沟通中，被人误解是常有的事。遭人误解会给你的工作和生活带来很大不便，我们一定要尽力避免这种情况发生。误解常常是由于我们说话时不注意细节引起的，言者无心，听者有意，因此我们一定要注意细节，化解误会。

什么情况下会引起误解呢？

①言词不足

有的人在表达信息，或者说明某些事情时，常常在言词上有所缺失，结果弄得只有自己明白，别人一点也搞不清真相。这种人就是缺乏"让对方明白"的意识，以致容易招来对方的误解。

②过分小心

有的人不管什么事，都顾虑过多，从不发表意见。因此，个人的存在感相当薄弱，变成容易受人误会的对象。

这样的人总寄望对方不必听太多说明就能明白，缺乏积极表达自己意见的魄力。对于这种类型的人而言，含蓄并不是美德，这一点要深自反省。

③自以为是

另一种人是头脑聪明，任何事都能办得妥当，但是却经常自以为是，我行我素。即使着手一件新工作，也从不和别人照会一声，只管自作主张地干活。这么一来，即使自己把工作圆满完成，上级及周遭的人也不会表示欢迎。

④外观的印象不好

人对视觉上的感受印象最深刻。虽然大家都明白"不可以貌取人"，但是，实际上双眼所见的形象，往往成为评判一个人的标准，这个印象可能是造成误解的原因。如果让周遭的人有了不好的印象，且造成误解，若不早点解决，恐怕不好收拾。

⑤欠缺体贴

纵然只是一句玩笑话，但若造成对方的不快，恐怕也会导致意想不到的误解。甚至一句安慰、犒劳的话，如果没有用对方易于接受的方式表达，也可能造成误解。因此，在说话之前，一定要先考虑对方的状况以及接受的态度。

为了与人沟通时把话说得更加清楚明白，免遭误解，应该注意以下几点：

①不要随意省略主语

从现代语法看，在一些特殊的语境中，是可以省略主语的。但这必须是在交谈双方都明白的基础上，否则随意省略主语，容易造成误解。

②要注意同音词的使用

同音词就是语音相同而意义不同的词。在口语表达中脱离了字形，所以同音词用得不当，就很容易产生误解。如"期终考试"就容易误解为"期中考试"，所以在这时不如把"期终"改为"期末"，就不会造成误解。

③少用文言词和方言词

在与人交谈中，除非有特殊需要，一般不要用文言词。文言词的过多使用，容易造成对方的误解，不利于感情的交流和思想的表达。

④说话时要注意适当的停顿

书面语借助标点把句子断开，以便使内容更加具体、准确。在口语中我们常常借助的是停顿，有效地运用停顿可以使你的话明白、动听，减少误解。有些人说起话来像开机枪，特别是在激动的时候就不注意停顿了。而听者则由于跟不上他的速度，很容易发生误解。所以我们在与人交谈时，一定要注意语句的停顿，使人明白、轻松地听你谈话。

另外还要注意的一点是，如果对方因误解而指责你，你就不能一味忍气吞声，而是要为自己辩护。

有些人面临麻烦的事常用辩护来逃避责任，这就走到另一个极端了。这种推卸责任的辩护，偶一为之，无伤大雅，尚可原谅。倘一犯再犯，肯定会失去别人对你的信任。

辩解的困难点在于双方都意气用事，头脑失去了冷静。所以过于紧张和自责，反而会使场面更僵。因此遇到这类棘手的对立状态时，更应该积极辩明，明确责任。其要点大概有以下几点：

①把握时机

寻找一个恰当的机会进行辩解很重要。辩明应该越早越好。辩明越早，则越容易采取补救措施。否则，因为害怕对方责骂而迟迟不说明，越拖越误事，对方会更生气。

②自我反省的事项要越简单明了越好

不要悔恨不已，痛哭流涕，不成体统。越把自己说得无能，反而会增加对方对你的不满。还是适当点一下为好，但要点到本质上，说明自己对错误已经有了足够的认识。

③辩护时别忘了站在对方的立场上讲话

站在自身的立场上拼命替自己辩解，这样只能越辩越使对方生气。应该把眼光放高一点，站在对方的立场上来解释这件事，则容易被接受。

④辩解时需要注意

不管是何种情况，都不要加上"你居然这么说……"任何人都有保护自己的本能，做错事或和旁人意见相左时，便会积极地说明经过、背景、原因等，但在对方看来，这种人顽固不化，只是找理由为自己辩护罢了。

⑤道歉时需要注意

道歉时千万不要说"虽然那样……但是……"这种道歉的话，让人听起来觉得你好像是在强词夺理，无理搅三分。道歉时，只要说"对不起"！如果面对的是性格坦率的人，或许就可以化解彼此的距离。当然该说明的时候仍要有勇气据理力争，好让对方了解自己的立场。

与人沟通时，讲话一定要谨慎，细微之处也不能忽视，免得发生不必要的误解，甚至是摸不着头绪的纠纷。

7. 话题是沟通的重要一环

一些人抱怨自己口才不佳，很难与人良好沟通，总是聊不上几句就没词儿了。其实这是由于他们没有找准话题引起的。话题虽然只是一个小细节，但却关系到沟通能否顺利展开。

仔细观察就会发现，在交谈中居于劣势的一方常常是寻找话题的责任者，例如：在求人办事的过程中，求人者需要仔细挑选交谈的话题；在谈生意的过程中，希望合作的一方则有选择交谈话题的义务。

一般的交谈总是由"闲谈"开始的，说些看来好像没有什么意义的话，其实就是先使大家轻松一点，熟悉一点，造成一种有利交谈的气氛。

当交谈开始的时候，我们不妨谈谈天气，而天气几乎是中外人士最常用的普遍的话题。

交谈的确需要相当的经验。当你面对着各式各样的场合，面对着各式各样的人物，要能做得恰到好处，实在不是一件容易的事。倘若交谈开始得不好，就不能继续发展相互之间的交往，而且还会使得对方感到不快，给对方留下不好的印象。

自然，亲切有礼、言辞得体是最重要的。然而做到这一点，也不能说就一定会收到良好的效果。

因此，平时除了你所最关心、最感兴趣的问题之外，你要多储备一些和别人"闲谈"的资料。这些资料往往应轻松、有趣，容易引起别人的注意。

除了天气之外，还有些常用的闲谈资料，例如：

①自己闹过的一些无伤大雅的笑话。

②惊险故事。

③健康与医药，也是人人都有兴趣的话题。

④家庭问题。

⑤运动与娱乐。

⑥轰动一时的社会新闻也是热闹的闲谈资料。

⑦笑话。

话题是良好沟通的重要一环，因此我们一定要在话题上多下功夫。只要多留心生活中的事物，多了解谈话者的兴趣爱好，找到合适的话题就不再是难事。

下篇

PART 3

用细节垫脚，
人生才能攀高

俗话说，人往高处走，水往低处流。谁都希望自己人生之路走得高些，再高些，但如果方法不得当，你的努力也只能付之东流。沉下心来用细节做垫脚石吧，因为再高的高度都需要一级级攀登，再大的目标也需要一步步实现。

第八章

让细节成全你的工作

1. 从细节处用心做别人做不到的事

要想成为一个出色的员工，就要想别人没有想到的，做别人没有做到的。只有以小事为突破口，在细节处下足功夫，在别人忽略之处做足文章，你才能在与别人的竞争中脱颖而出。

有这样两位秘书：在帮领导购买到车票之后，一位秘书只是把一大把车票直接交上去，这样一来，车票杂乱无章，不但不容易查清时刻，而且容易丢失；另一位秘书却把车票装进一个大信封，并且在信封上详细地注明列车的车次、座位号和起程、到达的时刻。很显然，后一位秘书是一个有心人，她很注重细节，虽然只是在信封上写了几个字而已，却方便了领导，并大大节省了领导的时间。

正是因为后一位秘书能在细节上下足功夫，那她能够得到老板的青睐也是理所当然的事。而下面这个小职员的提升，与那位秘书有着异曲同工之妙。

在日本大阪的一家公司里，一位小姐专门负责与她的公司有业务往来的客商的接待工作。其中，一家德国公司与她的公司有重大的业务往来，因此，德国公司的经理必须经常往返于大阪和东京之间，而订票的工作也就顺理成章地由那位小姐来承担。但令那位德国经理感到奇怪的是，每次他坐车去大阪时，他的座位总是靠近右侧的车窗；而当他返回东京时，座位却总是靠近左边的车窗。并且次次如此，从来没有一次例外。

有一次，他终于忍不住地问了这位小姐。小姐微笑着对他说："我想来到日本的外国客人肯定都喜欢看到富士山那雄伟的身姿，所以我就给您做了这样的安排。这样，您就可以在每次坐车时都能看到富士山了。"

听到她的回答，德国经理倍受感动。他认为，这家公司的员工的工作如此细致入微，就连这样的小事都能够想到，那么，跟他们合作自然是毫无差错的了。于是，他很快给这家公司增加了二百五十万欧元的贸易额。

在工作中认真细致，在细节上下大力气，也许你就能做出别人意想不到的成绩，并在职场中轻松获胜。

2. 高效利用时间是必须关注的工作细节

没有哪个管理人员不喜欢高效利用时间的员工，这样的员工能够让上司放心地交付任务。能够将时间规划得合理有序，不仅需要勇气，还需要理智，以及最最重要的一条——坚持不懈。

"我做的每一件事都经过精心计划，否则我不可能完成任何事。"这是在密歇根州拥有将近二十家家具店的坎贝尔家具公司董事长兼总执行长坎贝尔所说的话。

在他的观念里，充分利用时间将他的活动排定优先次序，懂得分层负责，使时间的利用充分、合理、高效，是重要的一门技巧。

事实上，坎贝尔把时间视为最重要的日用品之一，他发现了一个事实，那就是有许多人不珍视它。以今日的用语来说，时间是不可回收的。光是注意现在几点几分，是不会有任何经济效用的。在现今社会里，很少有人把时间视为一项投资，却对于每种投资，都要求满意的报酬。

而坎贝尔却能将时间看做一种投资，在他为别人工作的过程中，他就懂得让时间为自己工作。他合理规划时间的原则非常值得大家学习：

①懂得时间的价值。时间是上天最珍贵的赏赐，是一颗价值不菲的珍珠。坎贝尔建议："定期安排会议，同时限定会议时间的长度，务必不浪费每一分钟。同时我凡事都事先预约，而且我认为每个人都会准时。"

②控制时间。以一种精打细算、有效率的方式，利用你所拥有的时间。坎贝尔提醒大家："谨记好好掌握每一件事，意思就是好好掌握时间。"

③时间先后要排对顺序。逐一检查你的工作，列出什么该在本星期之初就去做，什么可以留待稍后再做，列出什么应该一大早就做，什么可以晚点再处理。坎贝尔说："排定优先次序可以帮助你确定你已将最重要的事放在最优先的位置上。"

④授权要慎重。让自己专心去做主要负责的事务，把其他工作交给助手去做。坎贝尔说："你想插手的事情愈多，你浪费的时间就愈多。授权是对的，但还要确定你跟我一样，把工作分派给最佳人选。这么做就等于多了好几倍的你。"

⑤不可拖拖拉拉。没错，拖延是偷时间的贼，所以今天该做的事，绝不要延迟到明天才做。坎贝尔说："我为自己定下了一个规定，在我下班离开之前，一定把工作做完。"

西方有一句谚语："省下一分钱就等于赚到一分钱。"我们也可以这么说："省下一分钟就等于赚到一分钟。"所以，你省下的每分每秒就是你所赚到的，而你赚得的，就是能否升值的衡量仪。有条理地规划你的时间，让每一秒钟都有它存在和利用的价值是你做好工作的一个重要表现。

3. 报告要简约而不简单

"一目了然"往往比"烦琐冗长"更能体现出效率，办公中要注重时间的节约问题。写报告也是如此，简约而不简单，不但可以体现出超强的办事效率，也可以给人一种精明干练的感觉。

职场中免不了写报告、做方案。如果写报告的时间浪费起来，就不仅是烦心这么简单了，还会造成工作时间的浪费、直接降低工作效率。不要让细节毁了你的工作，写报告就是这样一个必须重视的细节。

写报告如同穿衣服，不知你有没有听说过这么一句话："十件单，抵不上一件棉。"这是穿衣服很肤浅的道理，说的就是穿上十件单衣虽然多却还不如穿一件棉衣暖和，用来形容费了很大力气没能达到理想的目的的行为。会不会经常出现这种情况，辛辛苦苦、费尽心血做出来的方案，老板只是粗略地看一遍就否定了。这时内心会是怎样的感觉？大骂老板有眼无珠？如果做一下换位思考便很容易找到答案的，报告冗长、空洞乏味没有深层意义，看起来既麻烦又得不到想要的内容，白白浪费了老板的时间和自己熬夜的心血，老板无论如何也不会接受这样的报告或方案！即使你的报告写得很好，老板又哪里会静下心来看那么烦琐的文字？有时老板要的仅仅是赚钱的可行办法，而你以最快的方式拿出简单、可行的办法，让他一目了然能够看到效益，而不是拿出一篇文字功底扎实的论文。

小王是某公司销售部的主管，业绩一直很是不错。他一心想通过努力坐上高级管理层的位置。

苦苦等待的机会终于来了：他们公司这个地区的业绩做得相当好，所以地区总经理被调到别的地区开发新市场去了，而原来的副总很自然地就提到了正职的位置上，副总原来的位置也就空下来了，公司的总裁办公会决定从下面有能力的几位主管当中提拔一位，填补这个空缺。

几个有可能升任的主管都跃跃欲试，拿出了各自的看家本领争取这个位置。小王也不例外，因为他的业绩相当突出。

经过层层考核，小王和另一个部门的主管小刘，进入了最后的候选名单。最后一关就是由刚刚升任的总经理亲自考核。

半个月后名单公布下来了，小王的职位没有变动，还做他的部门主任，胜利的自然是同他竞争的小刘。这令小王百思不得其解，细细想来，这期间总经理只让他们作过一份关于销售的报告，而那份报告小王是用了几天的时间精心写出来的，他自认为比竞争对手小刘的只强不差。

名单公布的第二天，总经理让秘书把小王叫了过去，一是为了安抚小王落选后失落的情绪，让他再接再厉好好工作；二是向他解释一下为什么没有让他升迁的原因。

总经理对他说："作为一个高层管理者，学会写一份有价值的报告是很有必要的。当然你写的报告我已经认真看过了，里面分析的问题很详细、说得也不错！这个是小刘的报告，你看一下就明白为什么没有提拔你而提拔他了！"说着从抽屉里拿出一份报告摆在小王面前。

小王心里也一直在纳闷，是不是小刘在报告里做了手脚。看过小刘的报告才知道，果然问题就出在报告上：小刘的报告虽然文笔没他好，但是小刘在长长的报告后另附了一份几百字的简要概括，看起来果然不同凡响，把整个报告的精华叙述得一目了然。

小王终于弄明白了，他进入高级领导层的梦想就是被一份小小的报告毁掉的。

报告的力量就是这么大，有时甚至更大！作为一个老板，他一天的工作已经非常地忙碌，根本没有足够的时间仔细阅读报告方案。如果员工在给他的报告里附上一份简洁的概要，老板接到报告时就会先阅读这份概要，通过阅读这份概要能节省时间，快速了解员工报告的内容，迅速做出决策。

4.细节完美工作落实才能到位

现在的竞争是细节的竞争。细节影响品质，细节体现品位，细节显示差异。细节能够为企业创造可观的效益。

许多企业就是因为小小的细节没有掌握住，而损失惨重甚至退出经济舞台；也有不少公司因为一个小小的细节创造了奇迹，让它们一跃成为让商界关注的焦点。

所有的企业员工，都应该注重在执行工作中细节的方面，要善于抠细节防止漏洞，才能使企业在运作中减少人力和物力不必要的损耗，稳步发展。

每项工作的成败不仅仅取决于策划，更在于执行过程中细节的把握。若是不能在落实过程中抓住这些细节、防止漏洞，再好的策划，也只能是纸上蓝图。唯有落实得好，才能真正把工作的价值完美地体现出来。

某乳品企业营销副总谈起他们在某市的推广活动时说："我们的推广非常注重实效，不说别的，每天在全市穿行的一百辆崭新的送奶车，醒目的品牌标志和统一的车型颜色，本身就是流动的广告，而且我要求，即使没有送奶任务也要在街上开着转。多好的宣传方式，别的厂家根本没重视这一点。"

然而，这个城市里原来很多喝这个牌子牛奶的人，后来却坚决不喝了，原因正是这些送奶车惹的祸。原来这些送奶车用了一段时间后，由于忽略了维护清洗，车身沾满了污泥，甚至有些车厢已经明显破损，但照样每天在大街上招摇过市。人们每天受到这种不良视觉的刺激，喝这种奶哪里还能有味美的感觉！

创造这种推广方式的厂家没想到："成也送奶车，败也送奶车。"对送奶车卫生这一细节问题的忽视，导致了这一创意极佳的推广方式的失败。

同样的问题越来越多地出现在每个企业的各个营销环节中。很多企业在营销出现问题的时候，一遍遍思考营销战略、推广策略哪儿出了毛病，但忽视了对落实细节的认真审核和严格监督。

如果从一个营销活动的落实而言，细节的意义要远大于创意，尤其是当一个方案在全国多个区域同时展开时，一旦落实不力，细节失控，最终很可能面目全非。而每一个细节上的疏忽，都可能对整体的成功形成"一票否决权"。

在执行过程中这些细节何其多。每个员工由于工作性质不同，工作中值得注意的细节也不同。但是只要能在执行的过程中，把这些细节很好地掌握住，让它们尽量发挥有价值的一面，便能为企业节省和创造出可观的效益。否则，也会给企业带来严重的经济和声誉方面的损失。

5. 把节约看成大事的才是好员工

"泰山不攘土壤，故能成其大；河海不择细流，故能就其深。"公司的发展与壮大和节约每一分钱的关系正是如此。

世界上的每一个规模庞大、实力雄厚的企业，都不是凭空产生的，它们是靠着所有员工们一步一个脚印，一分钱一分钱地创造出来和省出来的。

企业的效益和员工的命运息息相关，企业好比是一台巨大的机器，而员工创造的利润正如能够使机器运转的燃油一样，给企业的运转提供着能量。如果燃油供应的少（创造的企业利润少），或者燃油劣质（在生产过程中浪费严重），都会使企业这台机器缓慢前进或者停步，用于支付"这部机器的维护费用"（支付员工的工资和所要纳的税）会明显不足，导致这部机器失去使用价值而废弃。

员工作为企业的一员，应该为企业的发展、壮大贡献力量。其实员工只要做好很简单的一些事，企业就会受益匪浅。员工只要在把自己工作范围内的事情尽职尽责做好的同时，注意在生产过程中为公司节省每一分钱，那样就不但会在直接的工作当中为公司创造一份利润，也会在生产中创造一份节省出来的利润。作为公司来讲，收获的将是两份利润。公司这部机器也会因此燃料充足，高速奔驰在经济发展的大道上。

员工和企业是一个整体，有着共同的目标和共同的利益，要想让企业更加强大，员工必须注意生产过程中的节约效益，创造额外利润。

曾经有一位"海归派"的女博士，在一家写字楼里工作。当她到那个公司不久，同事们便把她看成办公室里的"另类"。原因是她从来不用大家都习惯用的一次性纸杯和筷子，总是自备水杯；拒绝吃用塑料泡沫饭盒装的盒饭，总是自备餐具；在办公室里她忍受不了别人哪怕浪费一张纸，总是刻意地提醒同事要注意节约使用，她自己更是经常拿用过一面的纸写字和打印文件；每次办公室里的电器一旦用不着的时候，都是她主动地让它们休息。

这些行为在同事们看来，都是很做作的事情。认为根本没有必要如此做，毕竟他们公司的实力还算雄厚，每个月公司的盈利也都很可观，更何况老板也一直没有在这方面有更多的要求。

可是女博士还是一如既往地执行着。几年后，女博士离开了那家公司，但那家公司的办公作风却改变了：女博士的那一系列原来被同事看成"另类"的行为，现在成了每位员工主动完成的事情，并且大家不再像以前一样觉得做作，反而觉得这些都是很正常的事。还在公司的那些老员工也真正体会到了当时女博士工作中的可贵之处。

现如今那家公司的实力更加雄厚了，老板也发现了其中的原因。他还时时想起这位给他带来更多利润的女博士，而现在女博士已经是某家公司的总裁了。

多节省一分钱，较之为多生产一分钱要容易得多，每一位员工只要稍微留神，便能够把这部分利润收入公司腰包。

6. 把生活中的坏习惯挡在工作之外

每个人都很清楚：工作是自己的衣食父母。你怎么对待工作，工作就会给你相应的回报，这就好比农民种地，种下什么样的籽，就会收获什么样的果。如果对待工作总是"三天打鱼、两天晒网"，那么，你的工作成果一定非常糟糕。也许，生活中的你是一个懒惰、拖拉、喜欢无拘无束的人，但在工作中，你一定要学会自律，避免将生活中的不良习惯带到工作中来。因为，在生活中，你的这些坏习惯也许不会影响到别人，但在工作中，你的坏习惯却可能会影响到全局的利益，甚至会使团队工作陷入僵局。

在准备出国同外商谈判之前，某公司老板要求公司的几位部门主管把他所需要的一切物品都准备好。

在老板登机的那天早晨，各部门主管提前来到机场，准备给老板送行。有人问其中一个部门主管："你负责的文件准备好了没有？"

对方睁着惺忪的睡眼，打着呵欠说："我昨晚上实在熬不住就睡着了。反正我负责的文件是用英文撰写的，老板又看不懂英文，在飞机上也用不着它。等他上了飞机，我就回公司把文件打好，再传真过去不就行了。"

他的话音还未落，老板就到了机场。老板的第一句话就是问他："你负责预备的那份文件和数据资料呢？"这位主管照实回答了老板。听了他的话，老板脸色一变，大怒道："你怎么能这样？我已经计划好利用在飞机上的时间，和同行的外籍顾问研究一下那份文件和数据资料。你怎么能够不按我的要求准备好呢？"

这位主管当时的窘相，我们可以想见。他之所以会影响老板的工作进程，同时把自己置于如此尴尬的境地，就是因为他把生活中拖延的坏习惯带到工作中来。在生活中，你可以偷懒，比如说多睡一会儿，拖延洗衣服的时间；可是在工作中，你必须坚决摈弃这种坏习惯。

实际上，你不仅不应该把生活中的坏习惯带到工作中来，还应该培养"多想一步、多走一步"的好习惯，使各项工作快速的落实，甚至积极主动地走在老板的指令前面，这样才更能得到老板的认可。我们不妨再回味一下下面这个常见的例子。

有一天，餐馆的老板对杰克和汤姆说："你们马上到集市上，看看现在还有卖什么的。"

杰克很快从集市上回来，告诉老板，刚才集市上只有一个农民拉了一车土豆在卖。

老板问："那他车上大概还有多少袋土豆？"

杰克赶快跑回集市，跑回来告诉老板说一共有三十袋。

老板又问他："价格是多少？"

他只得再次跑到集市上问来了价格。

"好吧，"老板望着累得气喘吁吁的杰克说，"先休息一会儿吧。"

这时，汤姆也从集市上回来了，向老板汇报说："到现在为止只有一个农民在卖土豆，有三十袋，价格适中，质量很好，我还带回几个样品。"汤姆接着说："这个农民一会儿还会弄来几箱西红柿来卖，据我看，价格还算比较公道。咱们店里的西红柿快用完了，可以进一些货。我想这种价格的西红柿您大概会要，所以也带回了几个西红柿做样品，对了，我还把那个买菜农民带回来了，他现在正在外面等回话呢。"

如果你是这个老板的话，你会喜欢哪一个雇员呢？

如果你不能彻底改掉生活中的坏习惯，往往会不自觉地将坏习惯带到工作中去。而改掉坏习惯，不管是对你的生活还是工作，都是有益无害的。

7. 多做一点就增加了一个竞争的砝码

在实际工作中，做好本分内的工作是必须，但要想不断提高自我，完善自我，分外之事不可不管。

对于你职责范围以外的事你没有义务去做，但是你可以选择自愿去做，以驱策自己快速前进。率先主动是一种极珍贵、备受看重的素养，它能使人变得更具挑战性，更加积极。无论你是管理者，还是普通职员，"每天多做一点"的工作态度能使你从竞争中脱颖而出。你的老板、委托人和顾客会关注你、信赖你，从而给你带来更多的机会。

每天多做一点工作也许会占用你的时间，但是，这点时间赢得的是良好的声誉，并增加他人对你的需要。

可对于你为什么应该培养"每天多做一点"的意识，——尽管事实上很少有人这样做。其中两个原因是最主要的：

首先，在树立了"每天多做一点"的意识之后，与四周那些尚未形成这种意识的人相比，你已经具有了优势。这种意识使你无论从事什么行业，都会有更多的人指名道姓地给你机会。

其次，社会在发展，公司在成长，个人的职责范围也随之扩大。不要总是以"这不是我分内的工作"为由来逃避责任。当额外的工作分配到你头上时，不妨将它视为一种机遇。

如果不是你的工作，而你做了，这就是一次机会。有人曾经研究为什么当机会来临时我们无法确认，因为机会总是蕴涵于难题之中。当顾客、同事或者老板交给你某个难题时，也许正是为你创造了一个珍贵的机会。对于一个优秀的员工而言，公司的组织结构如何，谁该为此问题负责，谁应该具体完成这一任务，都不是最重要的，在他心目中唯一的想法就是如何将问题解决。

下一次当顾客、同事和你的老板要求你提供帮助，做一些分外的事情，而不是让他人来处理时，愉快地接受吧！努力从另外一个角度来思考，譬如，"我就是这件事的责任人"，"帮助他们的同时，我也能学到东西。"

每天多做一点，初衷也许并非为了获得报酬，但往往获得的更多。

詹姆斯·波帕尔一生的转折点是由一件小事情引起的。一个星期六的下午，一位律师走进来问他，哪儿能找到一位速记员来帮忙——手头有些工作必须当天完成。

詹姆斯·波帕尔告诉他，公司所有速记员都去观看球赛了，如果晚来五分钟，自己也会走。并表示自己愿意留下来帮助他，因为"球赛随时都可以看，但是工作必须在当天完成。"

做完工作后，律师问詹姆斯·波帕尔应该付他多少钱。詹姆斯·波帕尔开玩笑地回答："哦，如果是别人的工作，我当成是帮了一次小忙，既然是你的工作，大约八百美元吧。"律师笑了笑，向詹姆斯·波帕尔表示谢意。

詹姆斯·波帕尔的回答不过是一个玩笑，并没有真正想得到八百美元。但那位律师并没有把它抛到脑后。六个月之后，在詹姆斯·波帕尔已将此事忘到了九霄云外时，律师却找到了詹姆斯·波帕尔，交给他八百美元，并且邀请詹姆斯·波帕尔到自己公司工作，薪水比现在高出八百多美元。

放弃了自己喜欢的球赛，多做了一点事情，最初的动机不过是想帮人应急，而不是金钱上的考虑但结果他不仅为自己增加了八百美元的现金收入，而且为自己带来一个比以前更重要、收入更高的职务。

因此，我们不应该抱有"我不得不为老板做什么？"的想法，而应该多想想"我能为老板做些什么？"一般人认为，忠实可靠、尽职尽责完成分配的任务就可以了，但这还远远不够，尤其是对于那些刚刚踏入社会的年轻人来说更是如此。要想取得成功，必须做得更多更好。

如果你是一名物流公司管理员，也许可以在自己的工作任务完成后仔细查看一下发货清单，或许你会发现一个与自己的职责无关的未被发现的错误。

如果你是一名速递员，除了保证信件能及时准确到达，也许可以做一些超出职责范围的事情……这些工作也许是专业技术人员的职责，但是如果你做了，就等于播下了成功的种子。

付出多少，得到多少，这是一个众所周知的因果法则。也许你的投入无法立刻得到相应的回报，这时不要气馁，应该坚持，应该一如既往。回报可能会在不经意间，以出人意料的方式出现。最常见的回报是晋升和加薪。除了老板以外，回报也可能来自他人，以一种间接的方式来表现。

多做一点不仅播下了你加薪或晋升的希望，而且你能从中学到更多，积累更多，以使自己更强大，走向更高的层次，而我们付出的只是一点时间，难道你觉得这不合算吗？

8. 主动培育自己关注细节的职业素质

某著名大公司招聘职业经理人，应者云集，其中不乏高学历、多证书、有相关工作经验的。经过初试、笔试等四轮淘汰后，只剩下六个应聘者，但公司最终只选择一人作为经理。所以，第五轮将由老板亲自面试。看来，接下来的角逐将会更加激烈。

可是当面试开始时，主考官却发现考场上多出了一个人，出现七个应聘者，于是就问道："有不是来参加面试的人吗？"这时，坐在最后面的一个男子站起身说："先生，我第一轮就被淘汰了，但我想参加一下面试。"

人们听到他这么讲，都笑了，就连站在门口为人们倒水的那个老勤杂工也忍俊不禁。主考官不以为然地问："你连考试第一关都过不了，又有什么必要来参加这次面试呢？"这位男子说："因为我掌握了别人没有的财富，我本人即是一大财富。"大家又一次哈哈大笑了，都认为这个人不是头脑有毛病，就是狂妄自大。

　　这个男子说:"我虽然只是本科毕业,只有中级职称,可是我却有着十年的工作经验,曾在十二家公司任过职……"这时主考官马上插话说:"虽然你的学历和职称都不高,但是工作十年说明经验丰富,不过你却先后跳槽十二家公司,这可不是一种令人欣赏的行为。"

　　男子说:"先生,我没有跳槽,而是那十二家公司先后倒闭了。"在场的人第三次笑了。一个考生说:"你真是一个地地道道的失败者!"男子也笑了:"不,这不是我的失败,而是那些公司的失败。这些失败积累成我自己的财富。"

　　这时,站在门口的老勤杂工走上前,给主考官倒茶。男子继续说:"我很了解那12家公司,我曾与同事努力挽救它们,虽然不成功,但我知道错误与失败的每一个细节,并从中学到了许多东西,这是其他人所学不到的。很多人只是追求成功,而我,更有经验避免错误与失败!"

　　男子停顿了一会儿,接着说:"我深知,成功的经验大抵相似,容易模仿;而失败的原因各有不同。用十年学习成功经验,不如用同样的时间经历错误与失败,所学的东西更多、更深刻;别人的成功经历很难成为我们的财富,但别人的失败过程却是!"

　　男子离开座位,做出转身出门的样子,又忽然回过头:"这十年经历的十二家公司,培养、锻炼了我对人、对事、对未来的敏锐洞察力,举个小例子吧——真正的考官,不是您,而是这位倒茶的老人……"

　　在场所有人都感到惊愕,目光转而注视着倒茶的老人。那老人诧异之际,很快恢复了镇静,随后笑了:"很好!你被录取了,因为我想知道——你是如何知道这一切的?"

　　老人的言语表明他确实是这家大公司的老板。这次轮到这位应聘者一个人笑了。

　　成功从细处落笔,这个应聘者能够从倒茶水的老头的眼神、气度、举止等，看出他是这个企业的老板，说明他是一个观察力很强的人。这种洞察入微的功夫不是一朝一夕能够练就的，而需要长期的积累，在注重对每一个细节的观察中不断地训练和提高。

然而，细节也最容易被人忽略。因此，看一个员工、一个企业是否能做得更出色也正是从细处着手。那些成功的企业家之所以成功并非他们的智商高于别人，而是他们往往比他人更善于从细处落笔，把工作做得更到位。从一个小小的米店老板问鼎台湾首富的王永庆就是一个例证。

他每次给新顾客送米，都会细心记下这户人家米缸的容量，并且问清楚这家有多少人吃饭，有多少大人、多少小孩，每人饭量怎么样，以此推断该户人家下次买米的大概时间，记在本子上。到时候，不等顾客上门，他就主动将相应数量的米送到客户家里。

王永庆给顾客送米，还要帮人家将米倒进米缸里。如果米缸里还有米，他就将旧米倒出来，将米缸擦干净，然后将新米倒进去，将旧米放在上层，这样，陈米就不至于因存放太久而变质。王永庆这一精细的服务更深深感动了不少顾客，赢得了很多回头客。

在送米的过程中，王永庆还了解到，当地居民大多数家庭都以打工为生，生活并不富裕，许多家庭还未到发薪日，就已经囊中羞涩。由于王永庆是主动送货上门的，到收款时，碰到顾客手头紧，一时拿不出钱的，会弄得大家很尴尬。为解决这一问题，王永庆采取按时送米，不即时收钱，而是约定到发薪之日再上门收钱的办法，极大地方便了顾客。

王永庆精细、务实的服务方法，使嘉义人都知道在米市马路尽头的巷子里，有一个卖好米并送货上门的王永庆。有了知名度后，王永庆的生意很快红火起来。

海尔总裁张瑞敏说："什么是不简单？把每一件简单的事做好就是不简单；什么是不平凡？"把每一件平凡的事做好就是不平凡。在海尔厂区上下班时工人走路全部靠右边走，没有其他企业员工潮进潮出的现象，完全按交通规则，这就是不简单。难吗？不难。行人靠右走这是小学生都懂得的规则，可很多企业没做到，海尔却做到了。这就是素质，海尔人的素质，在小小的走路这一细节上就体现出来了！

　　成功从细处落笔，工作要做好就必须把细节做到位，这是一个优秀员工的必备素质。

9. 对于各项规章制度要做到自律自制

　　任何一个公司都有其保证正常运行的规章制度。这些制度的设立目的是约束员工的行为，以求达到一个团队的通力合作、协调进步。作为公司中的一员，应该遵守各项规章制度，以保证公司日常工作的顺利进行。这对于一个自律能力很强的员工而言也许根本不算什么，但对于一个自律能力差的员工而言，就有点受制约的感觉，或者认为违犯一下算不了什么。但是，作为员工应该明白一点：遵守规章制度是保证工作落实到位的基本保证。

　　在工作中，公司的规章制度，首先体现在要求员工遵守工作时间的问题上。你如果不能严格遵守上下班的时间，必然会造成上司对你责任心不强的评价，特别是由于你的时间观念不强而影响到他人的工作时，那将是不可原谅的。

　　无论你的公司如何宽松，也不要忽视了自律而放任自己。可能没有人会因为你早下班十五分钟而斥责你，但是，大模大样地离开只会令人觉得你对这份工作没有足够的热情，那些需超时工作的同事反倒觉得自己多余。而习惯性的迟到、早退，更不能原谅。也许你认为小小迟到一下，没什么好大惊小怪。但经常性的迟到，不仅是上司，可能连同事都会对你心生厌恶。

办事准时、守时是获得别人信任的手段，也是一个人有无素养的标志。如果一个人不守时就等于无耻地浪费他人的时间。那么，别人会怎么评价这样的一个人就可想而知了。

《商业周刊》曾经做了一次成功经理人的专访，对象全部是知名的企业家，其中有一个人谈到他成功的秘诀时说，凭借的全是实践他祖母的那句话："要当那个早晨第一个到办公室，晚上最后一个离开的人。"这句话看起来毫无学问，但当你仔细琢磨后，才体会到这句话的含意。你即便不能第一个到办公室，也不要当最后一个姗姗来迟的人。

在星期一早上，职员们总是不约而同地比平常来得晚，而且显得非常疲惫，好像让员工星期一工作是件不道德的事，如果你能比其他人都早到一些，并且打扮的神采奕奕，喝一杯浓缩咖啡，即使只是趁别人还没有进办公室之前查查自己的电子邮件，或者整理一下办公桌，都会让自己提早进入一周的工作状态，同时跟四周的人比起来，你的精神显得特别愉快，你绝对是当天最让上司眼睛一亮的员工。

你就算不能最后一个下班，也不要在所有人都还埋头工作时扬长而去。即便你的工作效率可能真的比别人高，你也应该注意到这样做会给其他员工带来很大的压力。这时的你最好能帮助那些工作比较吃力的员工完成工作任务，这样不仅使你的帮助起到积极的效果，而且也锻炼了自己的业务能力。也许，公司里还会有一些其他的规定，比如上班时间严禁使用手机或者禁止互访办公室等等，如果是这样，你就该严格执行。如果公司要求保守机密，你就更须责无旁贷地遵照执行。

曾经有一位管理者说："遇到那些不遵守公司纪律的员工时，我的第一个行动，是同这个员工商量，采取哪些具体措施可以避免类似问题的再次发生，我提出建议并规定一个合情合理的期限。这样，也许会获得成功。不过，如果这种努力仍不能奏效，那我必须考虑采取对员工和公司可能都是最好的办法。当我发现一个员工不遵守纪律、工作老出差错时，就决定不要他！因为遵守纪律没商量。"

任何企业的各项规章制度都不可能成为摆设，公司常常会以有效的手段保证其贯彻落实，一旦发现有人违规犯戒，就绝不姑息迁就。

因此，与其让自己去充当一个公司惩罚制度的实践者，倒不如自律、自制，严格遵守公司的各项规章制度，以保证公司工作的顺利落实。

第九章
让细节成全你的大好前途

1. 会观察人了解人是你生存的必备武器

与人打交道并非易事，毕竟"知人知面难知心"。不过有一个小细节却可以帮你化难为易，那就是多观察对方眼神。

例如，一男一女相挽上街，女的必观察其身边男的一举一动，而男的定把视线放在其他来来往往的女人身上——这样的差别，大概也就是女人与男人在性别上的最大不同点吧！

女人怒气冲冲地责怪身旁的男人："你是怎么回事，一直在看别的女人，真不像话。"

"没有，我没有看啊！我只是认为那个皮包跟你很相配而已。"而眼神却躲闪不定，似在逃避。

"你说谎，那你买那个皮包给我好了。"女的看出了这一细节中的问题。

如此一来，男人就不得不花钱消灾，这真是相当滑稽的事情。

总之，眼神有聚有散，有动有静，有流有凝，有阴沉，有呆滞，有下垂，有上扬，善于察言观色的人不用问你太多的话就可以知你、明你所思。

眼神变动中的每一个细节一旦被人洞察，别人就会以此为依据，采取行动。

孟子说："存乎人者，莫良于眸子，眸子不能掩其恶，胸中正则眸子了焉；胸中不正，则眸子眊焉。"从眼睛上看人的方法由来已久。无论一个人修养功夫如何深，个性是不会改变的。俗语说，江山易改，本性难移，就是这个意思。因此想要看人的个性还是简单的，而情的表现则不然。表现感情最显著、最难掩饰的部分，不是语言，不是动作，也不是态度，而是眼神。言语动作态度都可以假装，而眼神是无法假装的。我们看眼睛，不重大小圆长，而重在眼神。孟子只说到了两点，其实并不止这两种。眼神常常会背叛你，观察眼神就足可知一个人内心所想。

眼神沉静，便可表明其所认为着急的问题早已成竹在胸，稳操胜券。

眼神散乱，便可表明其对事束手无策。

眼神横射，仿佛有刺，便可表明此人是异常冷淡的，如有请求，暂且不必说。

眼神阴沉，应该是凶狠的信号。

事实上，你可以随时观察他人的眼神以判断其是否在说谎，或者在回忆。许多实验表明，人在说谎的时候眼睛总是向左转，而回忆并组织语言进行陈述的时候却是不自觉地向右转，似乎在寻找一个更好的办法把事实说清楚。人脑中的每一个想法都必然会带动眼睛的转动，这也是人们根据眼神判断一个人是否聪明的依据。

苏联作家费定在小说《初欢》中这样描写人的眼睛："李莎初次发现，人的眼睛会表示很多的意义……眼睛会放光，会发火花，会变得像雾一样暗淡，会变成模糊的乳状，会展开无底的深渊，会像火花像枪弹一样向人投射，会把冰水向人浇灌，会把人举到从来没有人到过的高处，会质问，会拒绝，会取、会予、会表示恋恋之意，会允诺、会充满祈求和难忍的表情，会毫不怜惜地折磨别人，会准备履行一切和无所不加拒绝。啊，眼睛的表情，远比人类琐碎不足道的语言来得丰富。"

视线的转移是人的内心活动的反映。在交谈过程中，别人可以从你的眼神中得到许多所期望了解的真实的东西。

艾克斯莱因博士通过多次实验得出：当一个人说话时把眼光移到别的地方，通常表示他还在做解释，不想让别人打岔。

要是他中止谈话，把眼光凝注他的同伴，这就是已经把话说完了的信号。如果他中止以后，并不望向交谈的同伴，它的意思就是说他尚未讲完。他发出的信号是："我想说的就是这些了。你有什么意见？"

若是一个人正跟他讲话，他没有听完就看旁的地方，就表示"我不完全满意你所说的话。我的想法和你有点出入。"

要是他说话时看别的地方，可能是表示："我对自己所说的话并没有什么把握。"

当他听别人说话时望着说话的人，这是表示："我对自己所说的话很有把握。"

所以，生活中你的眼神可以告知别人你的真实想法，而你也同样可以从别人的眼神中看清他的真实意图，掌握一个人眼神的变化有时恰恰是处理难题的突破口。

2. 从小处入手可以解决难题

于小处可见大精神，从小处入手同样可以解决大问题，因为细节常是容易为人所忽略的东西，所以解决难题时就要从细微处入手。

在美国曾发生过这样一桩事。一位大学女校长突然取出了自己多年在某银行的所有存款。几天之后，这家银行倒闭了。很多人都十分纳闷她为何有这种令人惊叹的先见之明。后来这位女士告诉人们说，有一次她与人打牌，这家银行的总经理也在。她发现这位经理服饰相当讲究，甚至指甲都经过高级美容店精心修整。她当即感到，自己的存款有化为乌有的危险，因为一个事业心很强的男子是不会花费这么多精力和钱财来修饰自己的。

生活和工作中解决问题、处理事务、策划市场、管理企业，大量的工作，都是一些琐碎的、繁杂的、细小的事务的重复。这些事做成了、做好了，并不见什么成就；一旦做不好、做坏了，就使其他工作和其他人的工作受连累，甚至把一件大事给弄垮了。

把细节性的工作做到位，你就可以控制局势，难题也就不难了。而那些不善于解决难题的人其实是因为他们不够认真、仔细。在细节处下足了功夫，你可以比别人捷足先登，给对手致命的一击。而你之所以被打败也是因为你不够"细"，不够"专"。

3. 意外中藏有改变的机会

身处困境时，我们都希望能得到一个改变的机会，但当机会来临时我们又常抓不住，因为它常常是作为意外来临的，只有有心人才能发现并抓住它。

意外是人们在生活中经常碰到的，在科学研究和文学创作中也不乏其例——本来是为了研究某一项目，在进行中却意外地发现另一种颇有意义的信息或结果。这种意外的情况，通常被称为最典型的机会。

机会是一种偶然现象，但其背后隐藏着必然性，这就要看你是否留心细节。

1895 年，德国物理学家伦琴有一次在研究阴极射线管的放电现象时，偶然发现放在旁边的一包封于黑纸里的照相底片走了光。他分析可能有某种射线在起作用，并称之为 X 射线。经过进一步实验后，这一设想被证实了，于是伦琴意外地发现了 X 射线。

事实上在伦琴之前已有不少人碰到过这种机会，如 1879 年的英国人克鲁克斯、1890 年的美国人兹皮德和詹宁斯以及 1892 年的勒纳德和德国一些科学家都面临过同样的机会，但他们却忽视了这一细节，因此错过了发现 X 射线的机会。

千万不要以为留心细节只是科学家的事情，事实上，如果你真的用心了，机会就会来临，甚至于有时你想挡也挡不住。

意大利曾经有一位年轻的穷学生叫贝南德，有一天，他拿着一封介绍信，走进罗马佛奇康图书馆，求见馆长，想谋求一份暑期工作。在等馆长时，他信步走到书架旁，浏览各种图书，其中一本精装本《动物学》引起了贝南德的兴趣。当他翻阅到最后一页时，发现有一行用红墨水写的小字，告诉读者到罗马一个继承法院去请求取出 LH 号文件。在好奇心的驱使下，贝南德来到了那个法院。原来，该书作者因为无人肯欣赏他的著作，一气之下，便把他的著作全部烧毁，仅留下一本赠送给佛奇康图书馆，并立下遗嘱把他的全部财产赠给他的第一个读者。贝南德因此成为拥有四百万里拉财产的富翁。

事实上，机会总是隐藏于意外事件中，留心细节，就是留心机会，抓住细节，便也抓住了改变命运的机会。

利用机会，首先要随时警觉它的出现，一旦来临，就要抓住它所传递的重要信息和有价值的线索，追根究底。

要突破困境，抓住微小的机会，就要在别人不留心的地方做文章。司空见惯，习以为常的事，一般人会疏忽，大专家、大学者也会疏忽。

法国人莱比锡是 19 世纪最杰出的化学家之一。1825 年莱比锡从法国著名化学家盖·吕萨克那里学成归来，年仅二十二岁，便已是台森大学的教授。

一天，一个制盐工厂的熟人给他送来了一瓶浸泡过某种海藻植物灰的母液，请他分析鉴定其中的化学成分。经过一番处理，莱比锡从中提炼出某些盐类。他又将剩下的母液与氯水混合，再加一点淀粉试剂，母液立即呈蓝色，这说明母液中含有碘化物。第二天一早，莱比锡又拿起这溶液来看，发现在蓝色的含碘溶液上面还有少量的棕色液层，这液层是什么呢？他并没有进一步深入研究，想当然地断定它是氯化碘，于是马上标签，实验便告结束。

一年以后，一个与莱比锡同龄的法国青年巴拉，因为家境贫寒，一面在当地学院读书，一面在药学专科学校实验室当助手。他没有轻信莱比锡的结论，而对棕色液体进行多方试验，结果发现了一种化学性质与氯、碘极为相似的新元素"溴"。莱比锡因为忽视细节，与一个重大的发明，也是一个重要的机会失之交臂。为了永生不忘这一深刻教训，莱比锡每当指导学生实验时，就将"氯化碘"标签拿出来，告诫学生不得粗心大意，而应留心细节的发现。

在人的一生中，总会碰到各式各样的偶然性机遇，但是，假如没有平时对知识的积累、辛勤持久的思索，那么，机会即使降临了，你也无从知晓，即使知晓了也不会捕捉利用。所以，人不能把希望寄托在偶然性的机会上。

事实上，一个人的智能视野越大，碰到的偶然性机会就越多，利用偶然机会进行创新的可能性也就越大。所以，在留心意外的同时，还要善于把握偶然的机会。

美国《妇女家庭》杂志的编辑爱德华·包克，从小就有一种想法，将来他要创办一种杂志。由于他树立了这个明确的目标，所以特别留心每个机会。有一回，他看见一个人打开一包纸烟时，从中抽出一张纸条，随即把它扔在地上。包克拾起这张纸条，见那上面印着一个著名女演员的照片，下面有一行字：这是一套照片中的一幅。包克把纸片翻过来，发现它的背面竟然是空白的。

包克立即感到这是个机会。他推断：如果把印有照片的纸片充分利用起来，在它的背面印上照片上人物的小传，价值就可大大提高。于是，他来到印刷这种纸烟附件的公司，向经理说明了他的想法。这位经理立即说道："如果你给我写一百位美国名人小传，每篇一百字，我将每篇付给你十美元，请你给我送来一张名人的名单，并分为总统、将帅、演员、作家等等。"

这就是包克最早的写作任务。他的小传的需要量与日俱增，以致他得请人帮忙，于是他聘请了自己的弟弟，付给每篇五美元的稿费。不久，包克又请了五名新闻记者。就这样，包克成了著名的编辑。

偶然的机会，有时就是这样，只要把握住了，就能使一个人的愿望成为现实。

当然，偶然的发现不仅仅是对于天赐好运的把握，有时甚至可以说是对自己潜在能力的挖掘。有的人，对自己的长处缺乏认识，只是在一个偶然的机会或一次精神高度兴奋的情况下，突然有所发现。

其实，每一天我们身边都会降临好机会，只不过它们看上去常常是一条不起眼的线索，或一种成功的微小可能，你必须张开细心的罗网，捕捉每一个微小的机会，直至改变命运，走向成功。

4. 细微的信息可能带来成功

我们处在信息社会里，信息就是金钱，而身陷困境时，信息就是改变的机会，成功的希望，因此我们一定要重视信息的收集，即使是一条最不起眼的信息也可能给你带来重大的机遇。

现代社会里，信息变得越来越重要，对于人们的生活和事业的成功更起着非常重要的作用，当你遇到困难挫折时，信息抓得越快越准，翻身的机会就越大。

某市一个大型商店由于多种原因连续三年亏损，商店经理十分忧心。有一次他在阅读报纸时，看到近期有多起摩托车驾驶者造成交通事故的报道，于是灵机一动，立即组织购进摩托车专用头盔一千顶。过了不到一个月，当地交通部门就宣布无头盔不得驾驶摩托，头盔一下子成了热门货，果然做了一笔好生意。

这位经理的成功之处，就在于能从细微处着手，瞅准机会，变市场机会为自己翻身的机会。

广东湛江家用电器公司的"三角牌"电饭煲如今已步入千家万户，成为人们重要的生活用品之一，但它曾经有一段时间产品严重积压，公司面临绝境。而扭转这一切的，正是一条偶然得到的信息。

当时，公司经理李秀栾在与人闲谈时得知湖南正在平江县召开"以电代柴"规划会议的消息，当机立断，立即带产品赶赴平江，积极向与会人员介绍产品情况，打动了湖南省"以电代柴"试点县的同志，立即签订了一批订货合同，后来又开发出一系列配套产品。这样，靠着一条小消息，这个公司不但扭转了企业的困境，还为企业发展开辟了更多的新途径。

事实上，有些小信息是非常具有价值的，但因为人们的疏忽，总是不停地浪费掉了许多很宝贵的信息。要想利用信息机会，前提就是要善于观察生活，注意把信息与机会联系在一起思考，这样，信息才能被转化成机会。

美国著名发明家兰德以其研制瞬时显像机而震惊世界，可有谁知道，这种显像机的诞生完全靠的是一条非常容易被忽视掉的信息，而这条信息则来自兰德的女儿。

有一次，兰德给他的爱女照相，小姑娘撒娇说："爸爸，我要马上看到照片！"这样一句不知道被多少人曾经说过的话，进到兰德的耳朵里，竟然成了一条非常重要的信息。于是，兰德立即着手瞬时显像机的研制。经过半年的努力，他终于获得了成功，并为这种瞬时显像机取名为"拍立得"相机，由于它能在六十秒内洗出照片，所以又称为"六十秒相机"。

如今，"拍立得"已经遍布全球，而兰德也被永载于相机史。

所以，我们平时要注意观察生活，无论是从报纸图书上看到的，或从别人口里听到的东西，都要认真去思考，这对于自己而言，到底是不是一条有用的信息呢？如果你确定这是一条非常有价值的信息，那么你就按照这条信息所指引的方向努力去做吧，幸运女神就在前方等待着你的到来。

在求职、择业的过程中，同样要把收集信息放在第一位。多一条信息，便是多一次人生的选择；多一条信息，就意味着比别人多一条出路；多一条信息，便是多一个改变一生的机会。

某名牌大学曾经有一名毕业生，在毕业求职的时候，感受到了竞争的压力，在所选择的单位中，不是人员过多，就是竞争激烈，眼看求职期即将结束，他仍没有"婆家"，无奈之下，他只好独自一人走出校门闲逛。

在公共汽车上，他与一位陌生人闲聊起来，那位陌生人告诉他，自己刚从一家公司面试回来，但那家公司最终放弃了他，因为专业不对口。大学生灵机一动，认为这是一个有价值的信息，于是继续与陌生人聊了下去。原来，有一家电脑公司刚刚成立，正处于招兵买马的时候，因为公司规模尚小，除了在公司门口贴了一张招聘广告之外，再也没有做其他任何宣传。

听完这些，大学生立即下了公交车，直奔这家公司而去，凭着自己名牌大学的出身和计算机专业的文凭，他最终获得了这份工作。而今，他已经是这家公司的副总经理，主管程序设计工作。

事实上，在我们每一天的生活中，接收到的信息有千千万万条，而在这些信息中有价值的少说也有数百条，能够抓住的，至少数十条。每一天都有这么多机会在你的周围徘徊游荡，难道你真的还没有意识到吗?

不起眼的信息中往往蕴藏着巨大的机会，错过了它实在让人惋惜。遇到困难时，你更要留心各种小信息，说不定哪条信息就会改变你的命运。

5. 解决难题要从细节入手

生活中很容易遇到许多难题，这些难题还都是必须解决的。而解决难题的突破口往往不是从全局入手，更多的时候从细节入手更容易让难题迎刃而解。

比如说你要打开一个密室的门必须首先找到那个有用的机关，而这个机关往往是最不易被察觉的。单从整体摸索很难找到突破口，只有细心的人才可以发现开启机关的通道。粗心大意、不重小节的人之所以不成功，是因为他们不注意自己身上存在的细节性致命缺点造成的。

生活中，许多小事都值得我们关注，因为这些细节性的小事情往往可以成就大事。

不知有多少人被长着锯齿的草叶割破过腿、胳膊，但是只有鲁班在被这种草割了胳膊之后，才依据草叶的锯齿形状发明了锯。

不知有多少人看见苹果从树上掉下来，但唯有牛顿看见苹果从树上掉下来，才发现了地球引力，进而发现了万有引力。

与其他人相比，鲁班、牛顿就是一个在细节中成就自己的人。

一位年轻人最初在一个律师事务所供职三年，尽管没获得晋升，但他在这三年中，把律师事务所的一切工作都学会了，同时拿到了一个业余法律进修学院的毕业证书。不少在律师事务所里工作的人，如果以时间论，他们的资格已经很老了，可是他们却收获甚微，仍然担任着低级的职位，拿着低过别人的工资。两相比较，同样是年轻人，前者就是因为对工作注意观察、仔细谨慎，并能利用业余的机会加以深造，终于获得一定的成功；但后者却恰恰相反，所以就难有出头之日。

难题之所以成为"难"题，是因为大多数人都不能解决，大多数人都不在意细节中隐藏着的契机。再难的问题都有可以解决的突破口，而这个突破口只留给了少数有心人，能够关注细节的人。

6. 马虎轻率误大事

生活中，很多人都有马虎轻率的小习惯、小毛病，他们的口头禅是"马马虎虎过得去就行了！"他们不知道马虎轻率是成功的致命杀手，它不但会妨碍你取得成功，甚至还会毁掉你已取得的成就。

一件小事，你要干漂亮了，它就能成就你的人生。然而，你要不把它当回事儿，它也能给你带来刻骨铭心的教训。

当巴西海顺远洋运输公司派出的救援船到达出事地点时，"环大西洋"号海轮消失了，二十一名船员不见了，海面上只有一个救生电台有节奏地发着求救的摩氏码。救援人员看着平静的大海发呆，谁也想不明白在这个海况极好的地方到底发生了什么，从而导致这条最先进的船沉没。这时有人发现电台下面绑着一个密封的瓶子，打开瓶子，里面有一张纸条，上面有二十一种笔迹这样写着：

一水理查德：三月二十一日，我在奥克兰港私自买了一个台灯，想给妻子写信时照明用。

二副瑟曼：我看见理查德拿着台灯回舱，说了句这个台灯底座轻，船晃时别让它倒下来，但没有干涉。

三副帕蒂：三月二十一日下午船离港，我发现救生筏施放器有问题，就将救生筏绑在架子上。

二水戴维斯：离港检查时，发现水手区的闭门器损坏，用铁丝将门绑牢。

二管轮安特耳：我检查消防设施时，发现水手区的消防栓锈蚀，心想还有几天就到码头了，到时候再换。

船长麦凯姆：启航时，工作繁忙，没有看甲板部和轮机部的安全检查报告。

机匠丹尼尔：三月二十一日下午理查德和苏勒的房间消防探头连续报警。我和瓦尔特进去后，未发现火苗，判定探头误报警，拆掉交给惠特曼，要求换新的。

机匠瓦尔特：我就是瓦尔特。

大管轮惠特曼：我说正忙着，等一会儿拿给你们。

服务生斯科尼：三月二十三日十三点到理查德房间找他，他不在，坐了一会儿，随手开了他的台灯。

大副克姆普：三月二十三日十三点半，带苏勒和罗伯特进行安全巡视，没有进理查德和苏勒的房间，说了句"你们的房间自己进去看看"。

一水苏勒：我笑了笑，没有进房间。

一水罗伯特：我也没有进房间，跟在苏勒后面。

机电长科恩：三月二十三日十四点我发现跳闸了，因为这是以前也出现过的现象，没多想，就将闸合上，没有查明原因。

三管轮马辛：感到空气不好，先打电话到厨房，证明没有问题后，又让机舱打开通风阀。

大厨史若：我接马辛电话时，开玩笑说，我们在这里有什么问题？你还不来帮我们做饭？然后问乌苏拉："我们这里都安全吧？"

二厨乌苏拉：我回答，我也感觉空气不好，但觉得我们这里很安全，就继续做饭。

机匠努波：我接到马辛电话后，打开通风阀。

管事戴思蒙：十四时半，我召集所有不在岗位的人到厨房帮忙做饭，晚上会餐。

医生莫里斯：我没有巡诊。

电工荷尔因：晚上我值班时跑进了餐厅。

最后是船长麦凯姆写的话：十九点半发现火灾时，理查德和苏勒房间已经烧穿，一切糟糕透了，我们没有办法控制火情，而且火越来越大，直到整条船上都是火。我们每个人都犯了一点错误，但酿成了船毁人亡的大错。

看完这张绝笔纸条，救援人员谁也没说话，海面上死一样的寂静，大家仿佛清晰地看到了整个事故的过程。

巴西海顺远洋运输公司的每个人都知道这个故事。此后的四十年，这个公司再没有发生一起海难。

有些人在工作中经常犯马虎轻率的毛病，他们觉得任务完成得差不多，凑凑合合就行了，完全没有必要在一些细节上费工夫，磨时间。他们这种毛病一旦成为习惯，就开始不分轻重地轻视所有工作中的细节问题。有时候在一些细节问题上出了错，他们也会认为是小错误、小疏忽，根本无足轻重，不会对整个大局构成危害。你若是善意地批评他们或是规劝他们改正，他们甚至理直气壮地认为："大礼不辞小让，做大事不拘小节，我是要做一番大事业的人，在大刀阔斧的行事，哪能婆婆妈妈的，顾及那些细枝末节的问题呀！"这真是让人哭笑不得。当然，有雄心壮志，希望通过努力工作来创造一番事业是一件好事，但是那不能成为你马虎轻率、粗枝大叶的理由。世间最睿智的所罗门国王曾经说过："万事皆因小事而起，你轻视它，它一定会让你吃大亏的。"

有没有发现，越是专业的人越懂得关注细节。也正是那些细节，造成了最终结果的不同。在习惯了的工作中，能够发现值得关注和提升的小事，并能在它们变成大事之前予以解决，这就是学习力。

在日渐浮躁的商业社会，希望获得更好结果的人们，总是无休止地追逐下一个目标，至于过程中的"小"问题，似乎谁都懒得去理会，但他们恰恰忘记了这正是可以带来好结果的关键所在。难怪连曾任美国国务卿的鲍威尔也会把"注重细节"当做他的人生信条呢。

除非你对职业前景并不抱什么希望，否则建议你好好留意这几点：

①没有什么"小事"，只要是构成结果的一部分，都值得你去重视。

②关注工作流程，只要认为目前还未达到最佳效率，细节就应该关注。

③差距往往来自细节，造成不同结果的事，往往是容易被忽略的小事。

当然，许多小事也确实易于被人疏忽，这就需要我们平时的努力啦。只有当我们在意识中对它们有充分的警戒心，就能够注意并克服掉马虎粗心的恶习。时刻对马虎轻率保持高度的警惕心，并养成细心严谨的工作态度，时间长了就会形成细心严谨的工作作风，进而形成你的良好习惯和优秀素质，而"习惯常常决定一个人的成败"。有的人可能会说："我生性就是粗枝大叶，大大咧咧，马虎粗心是天性所致，我也不想这样，可是我很难做到细心谨慎怎么办呀？"其实完全不必担心，世上没有十全十美的人，即使是那些功成名就的伟人，他们一开始也是有这样那样的缺陷的，有了缺陷不可怕，只要改掉就行，而且他们也都是这样做到的，最终成就了自己的一番事业。

所以有时候不要认为你自己不能改掉这种恶习，如果你总是这样想，它就成了你不去改这个恶习的借口。如果你不想也不去克服掉这个恶习，你当然就无法成功，因为马虎轻率是成功的致命杀手，它不但会让你不能继续获得未来的成功，甚至还能毁掉你已经取得的成就。这个过程，马虎轻率只要瞬间，而你以前的成就却是辛辛苦苦奋斗了多少年的结果！因为马虎粗心，你就不可能在工作中做到精益求精，尽善尽美。尽管从客观上来说你工作确实很努力，很敬业，但是你的工作成果却总是不能让人满意，总是与目标之间有一点点差距，而这个差距只要你再付出一点点精力和努力就能达到，而你却没有做到。长此以往，你的上司就会对你失望，对你不信任不放心，甚至怀有戒备之心。你想想你在公司还有发展的前途吗？还有出头之日吗？严重的是，你能否保住这个工作都是一个未知数。因此不管粗心是天性所致也好，是后天养成的恶习也罢，只要你是追求成功，拥有远大理想的人，只要你下定决心，相信自己，就一定能够克服这个坏毛病。

马虎轻率所带来的小错误、小疏忽的可怕之处在于它们不会停留在原地，而是接着带来毁灭性的危害，因此我们一定要培养自己一丝不苟的精神，即使一件小事也要认真仔细地对待。

7. 犹豫不决就会一事无成

生活中，做事习惯于犹豫不决的人并不少见，即使在一些生活琐事上他们也会犹豫再三，很难决定如何去做。但很少会有人把这个习惯重视起来，他们认为这只是小毛病而已，事实上，越是小毛病越不应忽视，比如不纠正犹豫不决的习惯，你就可能一事无成。

有一位作家说过，"世界上最可怜又最可恨的人，莫过于那些总是瞻前顾后、不知取舍的人，莫过于那些不敢承担风险、彷徨犹豫的人，莫过于那些无法忍受压力、优柔寡断的人，莫过于那些容易受他人影响、没有自己主见的人，莫过于那些拈轻怕重、不思进取的人，莫过于那些从未感受到自身伟大内在力量的人，他们总是背信弃义、左右摇摆，最终自己毁坏了自己的名声，最终一事无成。"

这是王安博士小时候的故事：一天在外面玩耍时，他发现了一个鸟巢被风从树上吹掉在地，从里面滚出了一只嗷嗷待哺的小麻雀。他决定把它带回家喂养。当他托着鸟巢走到家门口的时候，忽然想起妈妈不允许他在家里养小动物。于是，他轻轻地把小麻雀放在门口，急忙走进屋去请求妈妈。在他的哀求下，妈妈终于破例答应了。他兴奋地跑到门口，看见一只黑猫正在意犹未尽地舔着嘴巴，小麻雀却不见了。他为此伤心了很久。但从此他记住了一个教训：只要是自己认定的事情，就要排除万难，迅速行动。

许多人多半会有因为逃避某些困难的决定而感到懊丧，但是，这与无法做出一个简单决定的感觉是全然不同的。做不出决定的原因，大抵可以归纳成以下几点：

①抱持着多做多错，少做少错，不做不错的心态，因此，内心极为矛盾，最后，还是决定等到所谓的"适当"时机再说。

②坚信经过深思熟虑之后必有佳作，因此，总会习惯地去收集资讯，直到觉得有足够的资讯来做一个最佳的决定为止。可惜的是，知识多半来自经验，而经验却往往经不住考验。

③认为石头到后面会越挑越大，因此，尽管已经有了很好的想法，却不愿就善罢甘休，一定还要再想出更好的方案出来才行。三心二意的结果，造成了决策的延误。

④必须在同一时间之内，完成多项决策，希望面面俱到的结果，反倒是连一个决定都做不出来，或者是极容易做出错误的决定。

如果我们是那种只要花五分钟，就可以做出是否要购车这一类重大的决定，但是却必须花上两个星期才能决定颜色的人，那么很显然的，我们做决定的优先顺序可能弄错了，因为，这可能太钻牛角尖了，以至于会花过多的时间在做较琐碎的决定上，而忽略了整个决定的真正本质。

因此，最好的解决方法，就是从下个月开始，将所有较不重要的决定，都以掷铜板的方式来决定即可，根本想都不要去想，就照掷铜板的结果去做就是了。但是，到底哪一些决定是所谓较小的决定呢？譬如凡是金额低于一千，使用价值少于一年的决定，皆可归类为此。相信一个月之后，你自然就会对那些金额较大，费时较久的大决定养成较为深思熟虑的习惯，而不会再花太多的时间，去烦恼到底要看哪一部电影之类的问题。

如果在经过深思熟虑之后所做得决定，最后却发现不是最好的，甚至是错误的，那么，这对任何人而言，都可能是最难堪不过的了。但是，我们要知道，人生不是静止不变的，随时都有改变决定的权利。当然有些决定是不易再擅自更改的。因此，塞翁失马，焉知非福，谁说不是呢？虽然说做决定的时机很重要，但是，如果执意要等到最好的时机才做每一个决定的话，那我们将一个决定都做不出来！因为，根本没人会知道，什么时候才是真正最好的时机，结果，反而错失了时机而有所延误。要知道，不做决定有时候往往比错误的决定还要糟糕。爱迪生在发明灯泡的时候，就是历经一次又一次的尝试之后才成功；而每一次当他发现错误的时候，他就会马上调整步伐，改变方法，最后终于将电灯发明出来。

如果你瞻前顾后，如果你犹豫不决，如果你不能身体力行，如果你不知道自己该做什么，那么，属于你的只有永远的失败，你就永远不可能成为一名真正的领袖。因为这些根本就不是一个领袖的品质。

那些能够迅速做出决定的人从来都不怕犯错误。不管他犯过多少错误，与那些懦夫和犹豫不决的人相比较，他仍然是一个胜者。那些怕犯错误而裹足不前的人，那些害怕变化和风险而犹豫彷徨的人，那些站在小溪边，直到别人把他推下去才肯游泳的人，永远都无法到达胜利的彼岸，永远都无法摘取胜利的硕果。

果真去做了，那么你可能遭遇失败，但也可能获得成功，不过，如果一直犹豫不决，那么结果就只剩下了一个：一事无成。想成功、遇事就不能犹豫，犹豫的小毛病给你带来的可能是一生的失败。

第十章

让细节给你带来财运

1. 别为金钱算计太多

在物质社会里，金钱确实是非常有用的东西，它能买来汽车房子，漂亮的衣服，给你想要的生活。但是我们也要记得赚钱花钱本是为了享受生活的乐趣，千万不要为了金钱而太过于算计。

美国心理学专家威廉通过多年的研究，以铁的事实证明，凡是对自己的实际利益能算计的人，往往都会陷入不幸，甚至变成多病和短命的人。他们百分之九十以上都患有心理疾病。这些人感觉痛苦的时间和深度也比不善于算计的人多了许多倍。换句话说，他们虽然很会用手中的利器为自己捞取好处，但却没有好日子过。

威廉根据多年的研究，列出了五百道测试题，测试你是不是一个"太能算计者"。这些题很有意思，比如：你是否同意把一分钱再分成几份花？你是否认为银行应当和你分利才算公平？你是否梦想别人的钱变成你的？你出门在外是否常想搭个不花钱的顺路车？你是否经常后悔你买来的东西根本不值？你是否常常觉得你在生活中总是处在上当受骗的位置？你是否因为给别人花了钱而变得闷闷不乐？你买东西的时候，是否为了节省一块钱而付出了极大的代价，甚至你自己都认为，你跑的冤枉路太多了……只要你如实地回答这些问题，就能得出你是不是一个"太能算计者"。

威廉认为，凡是对金钱利益过于算计的人，都是活得相当辛苦的人，又总是感到不快乐的人。在这些方面，他有许多宝贵的总结。

第一，一个太能算计的人，通常也是一个事事计较的人。无论他表面上多么大方，他的内心深处都不会坦然。算计本身首先已经使人失掉了平静，掉在一事一物的纠缠里。而一个经常失去平静的人，一般都会引起较严重的焦虑症。一个常处在焦虑状态中的人，不但谈不上快乐，甚至可以说是痛苦的。

第二，爱算计的人，在生活中很难得到平衡和满足，反而会由于过多的算计引起对人对事的不满和愤恨。常与别人闹意见，分歧不断，内心充满了冲突。

第三，爱算计的人，心胸常被堵塞，每天只能生活在具体的事物中不能自拔，习惯看眼前而不顾长远。更严重的是，世上千千万万事，爱算计者并不是只对某一件事情算计，而是对所有事都习惯于算计。太多的算计埋在心里，如此积累便是忧患。忧患中的人怎么会有好日子过？

第四，太能算计的人，也是太想得到的人。而太想得到的人，很难轻松地生活。往往还因为过分算计引来祸患，平添麻烦。

第五，太能算计的人，必然是一个经常注重阴暗面的人。他总在发现问题，发现错误，处处担心，事事设防，内心总是灰色的。

威廉的研究还表明：太能算计的人，心率的跳动一般都较快，睡眠不好，常有失眠现象伴随。消化系统遭到破坏，气血不调，免疫力下降，容易患神经性、皮肤性疾病。最可怕的是，太能算计的人，目光总是怀疑的，常常把自己摆在世界的对立面。这实在是一种莫大的不幸。太能算计的人骨子里还贪婪。拥有更多的想法，成为算计者挥之不去的念头，像山一样沉重地压在心上，生命变得没有色彩。

这似乎是一种令人很难理解的"矛盾"，但威廉的这一结论，得到了全世界同仁的一致肯定。他的有关著作在五十多个国家发行，不知点亮了多少愚人内心的明灯。

而更有趣的是，威廉自己曾经就是一个极能算计的人。他知道华盛顿的哪家袜子店的袜子最便宜，哪怕只比其他店便宜几分钱；他知道方圆三十里内，哪家快餐店比其他店多给顾客一张餐巾纸；至于哪辆公共汽车比哪辆公共汽车便宜五分钱，什么时候看电影门票最低等等，威廉可以说是全美之最。

正因为这样，威廉得了一身病。三十岁之前，他总与医院打交道。当然，他也知道哪一家医院的药费最便宜。不过那时他没有一天好日子过，更不要说快乐了。物极必反，威廉在他三十二岁那年终于醒悟了。他开始了关于"能算计者"的研究。追踪了几百人，得出了惊人的结论。

威廉的研究成果，使许多"太能算计者"脱离苦海，看清了自己，身心得到了解放，不但改变了命运，也过上了好日子。威廉自己的病也全好了。如今，他已经成为美国最健康人群中的一员，每天都是乐呵呵的。他的新作《好日子》也已出版，在美国家喻户晓。

金钱是身外之物，花完了可以赚，赚多了就要花，为了一点钱斤斤计较，算计不停的人，不但弄得自己不快乐，还会损害自己的财运，因为他实际上是在把别人赚大钱的时间浪费在无谓的小事上。

2. 小生意里有大财富

做生意不怕小，就怕不赚钱。很多人总看不起一些小生意，好像要赚大钱就得搞房地产、卖汽车。这种想法其实大错特错了，看不起小生意的人最后只会落得个"大钱赚不着，小钱不会赚"的下场。

成功源于发现细节，一桩小生意里很可能暗藏着大乾坤，一个不起眼的小机会说不定就能让你创造奇迹。

范先生选择在欧洲的丹麦自谋财路，混迹生意场几年，他想到利用自己独具特色的手艺可以广纳财源，于是他就开了一家中国春卷店。开始时生意并不好。范先生一番调查后明白了，纯粹的中国式春卷并不合欧洲人的胃口。他重新进行精心选择和配制，不再运用中国人常用的韭菜肉丝馅心，而是采用符合丹麦人口味的馅心。这一独具匠心的改变，外加范先生的不懈努力，原来惨淡经营的小店顾客络绎不绝，慕名而来者云集，积累了资金，范先生不失时机地扩大生意。范先生就是凭着自己非同寻常的观察视角，利用有利的时机把事业推向高峰的。

他放弃了以前的手工操作，开始采用自动化滚动机新技术来生产中国春卷，并投资兴建了"大龙"食品厂，还建了相配套的冷藏库和豆芽厂。生意越做越大，范先生的春卷开始向丹麦以外的国家出口。他坚持"中国春卷西方口味"这一秘诀，针对欧洲各国人的不同口味，采用豆芽、牛肉丝、火腿丝、鸡蛋或笋丝、木耳、鸡丝、胡萝卜丝、白菜、咖喱粉、鲜鱼等不同原料来制作，生产出来的春卷营养卫生、香脆可口，风格各异，因而深受欧洲各国人的喜欢。

由于大龙春卷价格稳定，又适合西方人口味，范先生的订单滚滚而来，生意扩展到欧洲各国。二十世纪七十年代末，经美国国会的专家化验鉴定后，美国政府决定每天向范先生订购十万只符合美国人口味的大龙春卷，以供给美国驻德国的五万士兵食用。

1986 年，墨西哥正在举办第十三届世界杯足球赛的时候，大批球迷忙于看球连吃饭都顾不上。范先生抓住这个机会，按照墨西哥人的口味习惯，生产了一大批辣味春卷销往墨西哥，结果被抢购一空。

范先生不断扩大生产规模，运用新的设备和技术，由原本默默无闻的小商贩一举成为赫赫有名的大商户。由于他的公司产品质量上乘，服务一流，中国式春卷名声大振。

作为商人，怎样将渴望变成现实，并以小赚大呢？这是功力同时也是智慧的呈现。

许多经商者渴望自己能做大宗买卖，赚大钱，但那毕竟是"大款"的专利，底子薄的人可望而不可即。其实，小生意也可以带来高利润，小东西一样可以赚大钱。范先生就是慧眼独具，靠小春卷起家，成了大富翁的。

常常是一些别人熟视无睹的小商品中孕育着大商机，如果你能动脑筋去开发，你就会成为成功者。

西村金助是一个制造沙漏的小厂商。沙漏是一种古董玩具，它在时钟未发明前是用来测算每日的时辰的，时钟问世后，沙漏已完成它的历史使命，而西村金助却把它作为一种古董来生产销售。

沙漏作为玩具，趣味性不多，孩子们自然不大喜欢它，因此销量很小。但西村金助找不到其他比较适合的工作，只能继续干他的老本行。沙漏的需求越来越少，西村金助最后只得停产。

一天，西村翻看一本讲赛马的书，书上说："马匹在现代社会里失去了它运输的功能，但是又以高娱乐价值的面目出现。"在这不引人注目的两行字里，西村好像听到了上帝的声音，高兴地跳了起来。他想："赛马骑手用的马匹比运货的马匹值钱。是啊！我应该找出沙漏的新用途！"

就这样，从书中偶得的灵感，使西村金助的精神重新振奋起来，把心思又全都放到他的沙漏上。经过苦苦的思索，一个构思浮现在西村的脑海：做个限时三分钟的沙漏，在三分钟内，沙漏上的沙就会完全落到下面来，把它装在电话机旁，这样打长途电话时就不会超过三分钟，电话费就可以有效地控制了。

于是西村金助就开始动手制作。这个东西设计上非常简单，把沙漏的两端嵌上一个精致的小木板，再接上一条铜链，然后用螺丝钉钉在电话机旁就行了。不打电话时还可以作装饰品，看它点点滴滴落下来，虽是微不足道的小玩意，也能调剂一下现代人紧张的生活。

担心电话费支出的人很多，西村金助的新沙漏可以有效地控制通话时间，售价又非常便宜，因此一上市，销路就很不错，平均每个月能售出三万个。这项创新使沙漏转瞬间成为对生活有益的用品，销量成千倍地增加，濒临倒闭的小作坊很快变成一个大企业。西村金助也从一个小企业主摇身一变，成了腰缠亿贯的富豪。

西村金助成功了，而且是轻轻松松，没费多大力气。可是如果他不是一个有心人，即便看了那本赛马的书，也逃不脱破产的厄运，还很可能成为身无分文的穷光蛋。它给人们一个启示：成功会偏爱那些留心小事物的有心人。

小细节、小机会中藏着致富的机遇，很多时候留心小事物就能抓住打开成功之门的钥匙，因此小生意不但不能轻视，反而要更加重视。

3. 小钱也能做成大生意

我们要记住，钱是可以生钱的，因此不可以轻视小钱，因为经过良好的运作，小钱同样可以做成大生意。

如果现在给你五千元钱，让你在寸土寸金的闹市区盖起一栋大楼，你一定会认为是天方夜谭，这点小钱怎么可能做成大事？！不过有一个人就凭着这点小钱创造了奇迹。

王君怀揣着五千元人民币只身闯广东，现在，面对平地而起的广厦千间，像面对生日宴会上的蛋糕。他踌躇满志地开始切蛋糕了：留两层自用足矣；一至四层出租，每年坐收租金五百万元；其余十层全部售出，获购房款四千余万元。除去各种费用，他还净赚二千万元。

高楼万丈平地起，王君用的是巧办法。

王君初闯广东，适逢房地产热，地价疯涨，要想建房，要么花大价钱买地皮自建，要么出资与当地人合建，然后分成。真可谓：有钱出钱，有地出地，没钱没地靠边稍息。王君没钱又没地，可是他不愿靠边稍息，他想到了租地。

于是，他骑着自行车，到处找可租之地，终于找到了一家即将迁往城外的工厂。王君提出，租地七十年，建巴蜀大厦，建成后，每年交厂方十一万元。他特地向厂方强调："租期内你们将收入七百七十万元。"厂方听说七百七十万的租金，比卖地还多不少的钱，挺划算的，很快就拍板同意了。

这是王君下的一招妙棋：第一、租地不用像买地那样预付大量的现款，就把别人的地变成了"自己的地"；第二、在租金上占了大便宜。寸土寸金的闹市区，两亩多地每年租金才十一万，与后来他盖起十六层大楼后仅其中四层的租金每年就五百万元比起来，简直是九牛一毛。虽说租期内租金共有七百七十万，但那是要用漫长的七十年作分母来除的啊。厂方得到微薄的租金，失去了七十年的机会。

王君大功告捷，聪明处在于他用浓彩重墨渲染了七百七十万这一庞大数字，瞒天过海掩饰仅仅十一万的年租金。

地皮落实后，他马上又通过新闻媒介向四川各地广而告之：四川省将在广州市建一"窗口"——巴蜀大厦，现预订房号、预收房款，使他轻而易举地集资两千万元。他省钱省事搞到了地皮，又走捷径解决了建房款。建房时，又恰逢建房热急剧降温，建房大军无米下锅，只要有活干、能糊口，亏本也愿接工程。王君把工程包出去，不但不用给承建方工程预付款，而且还要求对方垫支施工，大楼建了一半，承建方已垫支了数百万。

王君未动自身分毫，借鸡生蛋，坐拥广厦千万间。

现在你还认为小钱无用吗？事实证明小钱也能做成大生意，不过这也需要你有头脑、有创意才行。

小男孩拉里·艾德勒才十四岁时，成就就相当杰出了。如今，他经营着三种生意，年收入已超过十万美元。

拉里·艾德勒是在九岁那年开始小本创业的。那年，凭着父亲借给他的十九美元，他开设了一间剪草公司。他独自一个人，靠一部二手剪草机找活干。一年之后，他用赚来的钱投资，又买了一台新机器，第三年，又买了五台机器，生意就像滚雪球一样越滚越大了。

拉里·艾德勒经营的剪草公司，还将专利出售给美国、加拿大等国对此项目有兴趣的人，同时，拉里还到处去讲学，教人如何经营剪草公司。拉里的公司除了为客户剪草之外，还兼做扫落叶和铲雪服务。

拉里的第二种生意，是开设了一间儿童用品专卖公司。有一次，拉里进了一万个胶篮，然后把一些糖果装进篮中交给零售店，结果一下子都卖光了。拉里善于组织各种货物，将它们组合后出售，使客源不断。

拉里的第三家公司，是为教青少年如何做企业家提供服务的咨询公司。拉里在公司里教授与自己年龄相仿的人如何经商赚钱，还借给他们本钱，鼓励他们积极创业。

拉里说："做生意不在乎年龄大小，也不在乎本钱多少，关键要有创意，要用发财的眼光去看待每一件事，找出它们能够生财的支点来，然后你就知道该怎样做了。"

拉里的目标是，在十八岁时赚足四亿美元。

听到小男孩拉里·艾德勒的故事的人免不了要对"小不点"肃然起敬。不仅是佩服他小小年纪就有雄心大志，更是佩服他独具匠心的创业方式，用小钱做成了大生意。

想赚钱就要不惧钱少，不厌利小，尤其是我们家底薄弱时，更应该对小商品、小利润给以更大的关注，勿以其小而不为，只要你全力去做，小投入也会成大气候。

4. 节俭是富过三代的秘诀

俗话说："富不过三代。"因为一些人得到祖辈积累下的大量财富后，就忘了节俭为何物，大手大脚地挥霍，小钱更是看不进眼里，直到最后把家败光。因此我们一定要注意节俭，千万不要养成大手大脚的习惯。

一般来说，大局比细节更重要，但在某些特殊情况下，细节往往能够影响甚至决定大局。所以，我们切不可因为小小细节而疏忽大意。

三菱集团的创始人岩崎弥太郎曾有个奇妙的比喻"我认为涓滴的漏法比溢出来的还可怕，因为酒桶如果有个大漏洞，谁都会很快发现，但是，桶底有个毛发般的小孔，却不大容易被注意到。"这是一个关于应注意节俭，从小处着眼的精辟见解。为此，他从创业初就十分注意从微小处节俭。日立公司这个 20 世纪八十年代电器王国的庞然大物对员工的要求是用不着的电灯一定立刻关掉，无论是写便条还是随便记什么东西，必须尽量用旧纸，电脑用过的纸也必须整理订好再用。不仅如此，丰田公司还有个节俭的招数叫"算好再做"。例如开会，在开会前要估算与会者每一秒钟价值多少，算出这次会议的"成本"，然后告诫与会者必须节约时间。在接待来客时，丰田公司一般不安排隆重的宴会招待，也不派专车接送，这也是出于节俭的考虑，用公车要用司机，要交各种税，要买汽油，买保险，搞维修……这些开支倒不如乘出租车或乘地铁更合算。

而中国也历来崇尚节俭，视节俭为美德。这种民族传统在现代商人身上留下深深的烙印。台湾企业家王永庆可算是个世界级的巨富了，可就是这个巨富，在花销上却特别节俭。他牢记中国的俗语"富不过三代"，严格控制子女乱花钱。当发现孩子的母亲、祖母心痛孩子手头拮据偶尔送钱给孩子时，王永庆毅然将孩子送往国外，以使孩子脱离开家人的庇护溺爱。王永庆不仅这样教育孩子，他自己在生活中也是能省的决不浪费。

有一次，他发现他用的牙签是一头尖的，另一头刻花比较贵，而市场上两头尖的牙签比较便宜，便告诉秘书："以后买两头尖的牙签，可以两边使用，又便宜。"他喝奶精，往往将小铝箔奶精盒中残留的奶精用一匙咖啡洗净后再倒入咖啡杯中食用掉，可谓不弃一丝一滴。靠节俭美德王永庆获得了生意上的成功，靠节俭思想的熏陶，他的爱女凭一张文凭，一把刮胡刀，在外独闯天下，同丈夫简明仁用二万五千美元的积蓄在台湾创立了大众电脑公司，成了一家年营业额高达三四十亿元企业的总经理。

美国富豪洛克菲勒也是一个自己注重节俭，对孩子零用钱卡得很紧很死的人。他规定孩子七八岁时每周三十美分，十一二岁每周一美元，十二岁以上每周二美元，每周发放一次。他还发给孩子每人一个账本，让他们记清每笔钱支出的用途，领钱时交给他审查。如果账钱清楚，用途得当，下周递增五美分，否则就递减。他还鼓励孩子做家务并给予奖励，如逮一百只花蝇奖十美分，抓一只耗子奖五美分等，并对背柴、拔草、擦皮鞋都明确提出奖励额度，从小培养孩子的节俭习惯。

"成由勤俭败由奢"，无论你是千万富豪还是平头百姓都要注意节俭。一点小钱虽然不起眼，但聚少成多就是一笔很大的财富了。只有节俭持家守业，才能过上富足的生活。

5. 想赚钱就要勤快一点

每个人都想成为富翁，过自己想要的生活，于是大批年轻人怀揣着一夜暴富的奢望，东游西荡、投机取巧。但这种人到最后往往是两手空空，他们忘记了勤奋做事才是通向成功的捷径，而懒惰并不是什么"小毛病"，它是成功的大障碍。

华人富商王永庆，十五岁小学毕业后被迫辍学，只身背井离乡，来到台湾南部一家米店当小工。聪明伶俐的王永庆虽然年纪小，却不满足于当学徒，除了完成送米工作外，还悄悄观察老板怎样经营米店，学习做生意的本领。因为他总想：假如我也能有一家米店……

第二年，王永庆请父亲帮他借了二百元台币，以此做本钱，在自己的家乡嘉义开了家小米店。开始经营时困难重重，因为附近的居民都有固定的米店供应。王永庆只好一家家登门送货，好不容易才争取到几家住户同意用他的米。他知道，如果服务质量比不上别人，自己的米店就要关门。于是，他特别在"勤"字上下功夫。他趴在地上把米中杂物一粒粒拣干净。有时为了多争取一个用户、多一分钱的利润，宁愿深夜冒雨把米送到用户家中。他的服务态度很快赢得了一部分用户的青睐，他们主动替他宣传，使业务逐渐开展起来。不久，王永庆又开设了一个小碾米厂。由于他处处留心，经营艺术日渐高超，再加上他勤快能干，每天工作十六七个小时，克勤克俭，业务范围逐渐拓宽。此后又开办了一家制砖厂。

王永庆现在成了台湾传奇式的人物，成功的原因之一，正是王永庆本人常常提及的"一勤天下无难事"的道理。王永庆有一次在美国华盛顿企业学院演讲时，谈到了他一生的坎坷经历。他说："先天环境的好坏，并不足为奇，成功的关键完全在于一己之努力。"

王永庆在"勤"的业绩上写着如下记录：

——做米店学徒时，他工作之余，经常暗中观察，了解老板的经营之术。

——初开米店时，他趴在地上拣米中的砂子；冒雨给用户送米上门；每天工作十六七个小时。

——创办台塑时，他事必躬亲，艰苦备至，奋斗不懈。一步也不放松，一点也不偷懒，对事业兢兢业业。

由此可见，勤勉努力确实是成功的法宝，如果王永庆贪图安逸，懒懒散散，那么也就无法成为台湾首富了。

那么，怎样才能克服懒惰的"小毛病"，让自己变得勤快起来呢？

①承认自己有爱拖延的小毛病，并且愿意克服它。这是处理一切问题的前提。只有正视它，才能解决问题。不承认自己懒惰，就不可能改正自身的弱点。

②是不是因恐惧而不敢动手，这是懒散的一大原因。如果是这一原因，克服的方法是强迫自己做，假想这件事非做不可，并没什么可恐惧的，并不像你想象的那么难，这样你终会惊讶事情竟然做好了。

③是不是因为健康不佳而懒惰。其实，懒惰并不是健康的问题，而是一种生活态度的问题，有些人，尽管疾病缠身，还照样勤奋努力不已。如果，

身体真的有病，这种时候常爱拖延，要留意你的身体状况，及时去治疗，更不应该拖延。

④严格要求自己，磨炼你的意志力。意志薄弱的人常爱拖延。磨炼意志力不妨从简单的事情做起，每天坚持做一种简单的事情，例如写日记，只要天天坚持，慢慢地就会养成勤劳的习惯。

⑤在整洁的环境里工作不易分心，也不易拖延。把自己生活的环境整理好，使人身居其中感觉舒适，就会热爱自己的生活，产生勤奋的动力。另外，备齐必要的工具既可加快工作进度，也可以避免拖延的借口。

⑥做好工作计划。对自己每天的生活工作，做出合理的安排，制定切实可行的计划，要求自己严格按计划行事，直到完成为止。

⑦把你的计划告诉大家。在适当的场合，比如，在家庭里，或者在朋友面前，把你的计划向大家宣布，这样你就会自己约束自己，不敢拖延。

这样做不但会使大家监督你，即使是为了你的面子，你也不得不按时做完。

⑧严防掉进借口的陷阱。我们常常拖延着去做某些事情，总是为自己的懒惰找理由、找借口。例如"时间还很充裕"、"现在动手为时尚早"、"现在做已经太迟了"、"准备工作还没做好"、"这件事太早做完了，又会给我别的事"等等，不一而足。

⑨偶尔"骗一骗"自己。开始克服懒惰，不可能坚持很长时间，你可以给自己说："只干一会儿，就十分钟。"十分钟以后，很可能你兴奋起来而不想罢手了。

⑩不给自己分心的机会。我们的注意力常常受外界的干扰，不能够投入工作，成为我们拖延偷懒的借口。把杂志收起来，关掉电视，关上门，拉上窗帘……这样，就可以使自己的注意力集中起来，克服拖延的毛病，投入工作。

不要离开工作环境。有些事情在开始做时，总会不顺利，这就成为拖延偷懒的借口，我们会说放一放再说，转身就走，这样就无法克服懒惰的习惯。强迫自己留在工作的现场不许走，过一会儿，你可能就找到了解决问题的办法，你可能就不再拖延，你就会干下去。

避免做了一半就停下来。这样很容易使人对事情产生棘手感、厌烦感。应该做到告一段落再停下来，会给你带来一定的成就感，促使你对事情感兴趣。

先动手再说。三思而后行，往往成了拖延懒散的借口。有些事情应该当机立断，说干就干，只要干起来了，你就不会偷懒，即使遇到问题，你也可以边干边想，最终就会有结果了。

懒惰的"小毛病"会分散你的精力，灭失你的雄心，因此你一定要告别懒惰，勤快做事。天道酬勤，只要你不断付出，就一定会获得你想要的财富。

6. 巧借外力为我所用

身处逆境时，很多人往往只懂得利用自身的力量苦苦挣扎，这样做其实并不明智。有时单靠个人的力量难以突破逆境，你必须把周围环境中的力量重视起来，借力让自己走出困境。

大多数成功的人都善于借用他人的力量为自己做事。他们善于观察别人，结交别人，为自身助力，从而在自己陷入逆境时，获得帮助，走出逆境。所以，想成为成功者，就要善于借用周围环境中的一切力量，要让别人愿意为你出力，帮你走出困境。

有一个证券公司的业务员，刚进入这一行，发现证券业很难做，他一直没有什么特别好的办法来提升业绩，他的心里很着急，但这行竞争实在太激烈了，即使使尽了力气，还是很难有成绩。

谁料想，过一阵子，这个业务员突然发生了大变化，客户一个接一个地主动找上他，而他竟然成了全公司业绩最好的业务人员。

这家公司的经理觉得难以理解，自己干了几十年，也没见过一个初入这行的人会突然神乎其神地大红大紫，于是就暗中观察他是怎么吸引客户的。

他发现业务员经常带客户到自己的办公桌旁谈事情。这个办公室里的每个位子都是单独隔开的，于是他有事没事就假装不经意地经过业务员的桌旁，可是并没有发现他对客人说些什么特别的话。

有一天，业务员不在办公室里，经理经过他的办公桌时，不经意地看了一眼他的桌子。

"好小子，真服了你了！原来如此。"经理站在办公桌前像是发现了新大陆似的笑着说。

原来，在业务员的桌子上，摆着许多张自己家人的生活照。可是，在这些生活照中间，又相间摆着几张在不同场合拍摄的放大照片。而这些大照片，竟然全是一位股市大亨的照片。你想，客户看到业务员与股市大亨这么熟，肯定有关系，自然就会认为跟着他炒股能赚钱了。

由此可见，这位业务员便是一个聪明人，在遇到困难，打不开局面时能够背靠大树，巧借外力，从而使事情做起来化难为易，非常顺利。

你可以借力的对象不仅限于名人，还可以是朋友、老师，甚至是对手！有时候外界的力量可能很小，但只要你巧加利用，借力使力却可以迅速突破困境。

千万不要忽视周围环境中的微小力量，只要你能借力使力就可以使杠杆作用发生在自己身上，从而脱离困境，开辟新局面。

7. 小心驶得万年船

从前，有一名车夫一直为拉车的驴子跑得慢而苦恼。他去求教一位智者，想知道怎样才能让驴子跑得快一些。

智者听了车夫的请求后，微微一笑说："那还不容易。"便将一把青草拴在车子前面，恰巧离驴子的嘴只有半尺远。

此后，驴子为了得到那把绿茵茵的青草，便拼命地向前跑。可是，驴子无论怎么努力，那把青草离驴子还是那个距离。

听到这则寓言，人们肯定会笑驴子的愚蠢。其实，人有时也并不比那头驴子更高明。人性中有很多弱点，若被人利用，往往会自投罗网而不能自拔。

在人际交往中，讲究信誉，言而有信的谦谦君子大有人在；而道德败坏，到处行骗的人也有不少。

作为一名商人，商场上尔虞我诈，所以要特别小心，千万不可误入别人的圈套。人际交往从本质上讲是互利互惠的，如果对方百般殷勤和甜言蜜语，把交易成功的前景说得如何对你有利，那就是你该注意的时候。往往成交之前是这样，成交之后对方就露出了"庐山真面目"来，所以不可以君子之腹度小人之心，轻信偏信。

经商要"先小人，后君子"，该问的东西要不厌其烦问个明白，细心观察，反复比较，该办的手续也一定要办，以防万一。